大容量弹性光网络技术与应用

国网宁夏电力有限公司电力科学研究院　组编

中国电力出版社
CHINA ELECTRIC POWER PRESS

内容提要

本书全面介绍了大容量弹性光网络的技术原理、系统设计、关键技术、软硬件实现及示范应用，涵盖了弹性光网络的技术背景、体系架构、关键技术等多个方面，介绍了带宽可变光交换节点原型样机以及分布式仿真平台的设计与实现过程，系统阐述了原型样机及分布式仿真平台在运营商公网和电力通信专网中的实际应用情况。

本书共分7章，主要内容包括光网络的发展、光网络技术基础、弹性光网络技术、业务需求模型与网络总体架构、大容量弹性光网络关键技术、原型样机及分布式仿真平台、示范应用。

本书适用于从事电力通信网络规划的人员、光通信设备研发和试验的工程人员，也可作为科研院所、生产制造单位相关人员的参考书籍。

图书在版编目（CIP）数据

大容量弹性光网络技术与应用 / 国网宁夏电力有限公司电力科学研究院组编. -- 北京：中国电力出版社，2024. 8. -- ISBN 978-7-5198-9094-0

I. TN818

中国国家版本馆 CIP 数据核字第 2024Y36A37 号

出版发行：中国电力出版社
地　　址：北京市东城区北京站西街 19 号（邮政编码 100005）
网　　址：http://www.cepp.sgcc.com.cn
责任编辑：陈　丽
责任校对：黄　蓓　王小鹏
装帧设计：张俊霞
责任印制：石　雷

印　　刷：三河市航远印刷有限公司
版　　次：2024 年 8 月第一版
印　　次：2024 年 8 月北京第一次印刷
开　　本：710 毫米 ×1000 毫米　16 开本
印　　张：7.25
字　　数：127 千字
定　　价：56.00 元

编　委　会

前言

光通信技术作为信息传输的基石，在互联网行业高速发展、通信网络带宽需求不断增长的背景下，面临着前所未有的挑战和机遇。从专网建设来看，电力通信网作为电网生产经营业务的物理承载网络，是确保电网安全、稳定、经济运行的重要保障，面对社会信息化发展和网络强国建设的战略需要，新型电网生产业务不断出现，信息的数据量和维度都将呈现爆炸式增长，这就对电力通信网的宽带化、智能化、高可靠性提出了更高要求。从公网建设来看，现有骨干传输网络仍存在资源利用效率不足、资源优化配置与调度困难、网络可靠性不足等一系列问题。因此，本书旨在深入探讨大容量弹性光网络的关键技术，揭示其发展趋势和应用前景，以期为光通信领域的研究人员提供相应的参考和借鉴。

大容量弹性光网络作为一种创新的网络架构，核心思想是通过传送层弹性、控制层智能、应用层开放，构建一种开放、灵活和可持续演进的新型网络架构。本书对大容量弹性光网络关键技术进行了详细介绍和分析，读者可以深入了解大容量弹性光网络的工作原理和实现方式，同时为了验证相关技术的实际应用效果，本书还介绍了原型样机及其分布式仿真平台的研发过程和应用测试情况。从实际验证效果来看，该网络技术体制能够有效解决目前骨干光通信网络面临的跨层域管控能力不足、业务调度困难等业界难题，网络运维管控效率和业务配置变更效率更高，业务服务质量和网络可靠性明显提升。

总之，本书是一本关于大容量弹性光网络关键技术的全面介绍和分析的书籍，希望能够为广大读者在光通信技术研究和应用方面提供有益的启示和帮助。同时，由于相关技术发展迅速，而成书时间仓促，难免会有疏漏之处，敬请读者批评指正。

编　者

2024 年 5 月

缩略语

A-CPI	application control plane interface	应用控制层接口
B-V-OCC	bandwidth variable optical cross-connect	带宽可变光交叉连接器
BV-WSS	bandwidth variable wavelength-selective switch	带宽可变波长选择开关
BD	bandwidth demand	带宽需求
BoD	bandwidth on demand	带宽按需分配
CBR	constant bit rate	固定比特速率
CD	chromatic dispersion	色散
D-CPI	device control plane interface	设备控制层接口
DWDM	dense wavelength division multiplexing	密集波分复用
E-NNI	external network-network interface	外部网络－网络接口
EON	elastic optical network	弹性光网络
FEC	forward error correction	前向纠错编码
GMPLS	generalized multi-protocol label switching	通用多协议标签交换
I-CPI	inter-controller plane interface	控制器层间接口
ITU−T	international telecommunication union telecommunication standardization sector	国际电信联盟电信标准化部门
LCAS	link capacity adjustment scheme	链路容量调整方案
MLR	mixed line rate	混合线速率
MPLS−TP	multi-protocol label switching-transport profile	多协议标签交换传输轮廓
NETCONF	network configuration protocol	网络配置协议
O-OFDM	optical orthogonal frequency division multiplexing	光正交频分复用
OAM	operations，administration and maintenance	操作、管理和维护

OCh	optical channel	光通道
ODUflex	optical channel data unit-flexible	弹性光通道数据单元
OFDM	orthogonal frequency division multiplexing	正交频分复用
ONOS	open network operating system	开放网络操作系统
OTN	optical transport network	光传送网
P2MP	point-to-multipoint	点对多点
PDH	plesiochronous digital hierarchy	准同步数字系列
PON	passive optical network	无源光网络
POTN	packet-optical transport network	分组光传送网
PTN	packet transport network	分组传送网
QAM	quadrature amplitude modulation	正交幅度调制
QPSK	quadrature phase shift keying	四相相移键控
ROADM	reconfigurable optical add-drop multiplexer	可重构光分插复用器
RSA	routing and spectrum allocation	路由与频谱分配
SDH	synchronous digital hierarchy	同步数字系列
SDN	software-defined networking	软件定义网络
SONET	synchronous optical network	同步光纤网络
SRG	shared risk link group	共享风险链路组
TDM	time division multiplexing	时分复用
VON	virtual optical network	虚拟光网络
WDM	wavelength division multiplexing	波分复用
WSS	wavelength-selective switch	波长选择开关

目录

1

光 网 络 的 发 展

光网络作为现代通信基础设施的核心组成部分，经历了漫长的不断发展的过程。从早期的点对点光通信，到后来的光纤传输系统，再到如今复杂的光网络架构，每一步的进步都标志着通信技术的重要突破。

1.1 早期探索与基础建立

在 20 世纪初，光通信的概念刚刚萌芽，科学家们对这一新兴领域充满了憧憬和好奇。1966 年，被誉为“光纤之父”的英籍华人高锟博士首次提出了用玻璃纤维进行远距信息传输的设想，发表了论文《用于光频的光纤表面波导》，从理论上分析证明了用光纤作为传输媒体以实现光通信的可能性，并设计了光纤的波导结构。更重要的是，他科学地预言了制造超低耗光纤的可能性。这一理论后来成为了光纤通信的理论基础。

1.1.1 光的传输损耗问题

首先，光的传输损耗是阻碍光通信技术发展的核心难题。当时，科学家们发现，当光在介质中传播时，会因散射、杂质吸收和光纤的不均匀性等因素而导致能量大幅衰减。这意味着，光信号在传输很短的距离后就会变得非常微弱，无法满足长距离通信的需求。

为了攻克这一难题，科学家们对各种材料进行了深入的实验研究。他们尝试了多种不同的介质，包括不同类型的玻璃纤维和其他光学材料，以期找到能够最小化光损耗的最佳选择。在这个过程中，研究者们需要精确测量不同材料的光学性能，包括折射率、吸收系数和散射损耗等关键参数。他们通过精心设计的实验装置和精确的测量技术，获得了大量宝贵的数据，为后续的材料优化和光纤设计提供了重要依据。

1.1.2　光纤制造工艺的挑战

除了光损耗问题外，光纤的制造工艺也是当时面临的一大挑战。早期的光纤制造工艺相对粗糙，光纤的直径和内部结构很难精确控制，这直接影响了光纤的传输性能。为了改进这一工艺，科学家们投入了大量的时间和精力。

他们首先优化了光纤的拉制工艺，通过精确控制拉制速度、温度和拉力等参数，提高了光纤的直径均匀性和内部结构的一致性。同时，研究者们还改进了光纤的涂覆技术，以减少光纤与外界环境的相互作用，从而降低光损耗和提高光纤的机械强度。这些制造工艺的改进为光纤的批量生产和高性能光纤的制备奠定了基础。

1.1.3　光纤通信系统的设计和实验验证

在解决了光损耗和光纤制造工艺的问题后，科学家们开始着手设计和实验验证光纤通信系统。他们面临着一系列复杂的技术问题，如如何将光信号有效地耦合进光纤、如何在长距离传输中保持信号的稳定性和清晰度、如何准确地将光信号解调为电信号等。

为了解决这些问题，研究者们进行了大量的系统设计和实验研究。他们通过精心设计的光学器件和电路系统，实现了光信号的稳定传输和准确解调。同时，他们还不断优化系统的性能参数，如传输速率、误码率和系统稳定性等，以提高光纤通信系统的整体性能。他们的研究成果不仅为光纤通信技术的实用化和商业化奠定了基础，还为后续的技术创新和行业发展注入了强大的动力。

1.2　技术突破与理论发展

在解决了基础的光纤制造工艺和光通信系统设计的初步问题后，科学家们继续深入研究，力求在理论和技术上实现更大的突破。

1.2.1　掺铒光纤放大器的研究

进入 20 世纪 80 年代，随着光纤制造工艺的进一步成熟，研究者们开始关注如何在长距离传输中保持光信号的强度。这时，掺铒光纤放大器（erbium doped fiber amplifier，EDFA）的研究逐渐成为了热点。

掺铒光纤放大器是一种能够直接放大光信号的设备，它的出现不仅极大地延长了光信号的传输距离，还为后续波分复用技术的发展提供了重要的支持。

1.2.2 密集波分复用技术的诞生

随着掺铒光纤放大器的成功应用，科学家们开始思考如何进一步提高光纤的传输容量。这时，密集波分复用（dense wavelength division multiplexing，DWDM）技术应运而生。

DWDM 技术允许在同一根光纤中同时传输多个波长的光信号，从而大幅提高了光纤的传输容量。精密的波长选择器件和解复用器可以确保不同波长的光信号能够准确地被分离和接收。同时，光纤的结构和参数优化后，可以降低不同波长之间的干扰和串扰。

1.3 商业化应用与行业标准化

随着光纤通信技术的不断发展和完善，其商业化应用也逐渐成为可能。在这一过程中，行业标准化和合作变得尤为重要。

（1）光纤通信的商业化应用。20 世纪 90 年代初，随着光纤通信技术的成熟和稳定，越来越多的电信运营商和企业开始采用光纤通信技术构建通信网络。光纤通信的高速度、大容量和低损耗等特点使其成为现代通信网络的重要组成部分。

为了推动光纤通信技术的商业化应用，科学家们和工程师们进行了大量的现场试验和网络规划工作。他们与电信运营商和企业紧密合作，共同解决实际应用中遇到的问题和挑战。通过不断的优化和改进，光纤通信技术逐渐得到了广泛应用和认可。

（2）行业标准化的推动。随着光纤通信技术的普及和应用范围的扩大，行业标准化变得尤为重要。标准化的光纤接口、连接器和测试方法等可以确保不同厂商和设备之间的兼容性和互操作性，从而降低网络建设和维护的成本。

为了推动行业标准化的发展，国际标准化组织（如 ITU-T）和行业协会（如光纤通信协会）等机构发挥了重要作用。他们组织专家制定了一系列光纤通信的标准和规范，包括光纤类型、连接器接口、传输速率和误码率等方面的要求。这些标准和规范的制定为光纤通信技术的广泛应用和持续发展提供了有力保障。

光纤通信技术的发展历程是一个不断创新和突破的过程。从早期的探索和基础建立到后续的技术突破和商业化应用，光纤通信技术的快速发展和应用普及，为信息时代的高速发展提供了坚实的基础和支撑。

1.4 持续创新与未来展望

尽管光纤通信技术已经取得了显著的进步，并广泛应用于全球通信网络，但科学家们并未停下脚步，而是在持续探索和创新，以期进一步提升光纤通信的性能和扩展其应用范围。

（1）新型光纤材料的研发。为了进一步提高光纤的传输性能和耐用性，研究者们不断探索新型的光纤材料。例如，科学家们正在研究使用新型玻璃材料、塑料光纤以及特殊涂层技术来制造更高效、更稳定的光纤。这些新材料和技术有望减少光信号的衰减，提高光纤的抗弯曲性能，从而进一步拓宽光纤通信的应用场景。

（2）光子集成与光电子器件的微型化。随着集成电路技术的不断发展，光子集成和光电子器件的微型化也成为了研究热点。光学元件和电子元件集成在一起，可以实现更高效、更紧凑的光纤通信系统。这种集成技术可以显著降低能耗、提高信号处理速度，并推动光纤通信设备的小型化和便携化。

（3）量子通信与光纤通信的结合。量子通信作为一种新兴的通信技术，具有极高的安全性和传输速度。将量子通信技术与光纤通信相结合，可以实现更高级别的数据加密和传输效率。这种结合有望为未来的通信网络提供更强大的安全保障和更高的传输性能。

（4）智能化光纤网络的发展。随着物联网、大数据和人工智能技术的快速发展，智能化光纤网络正逐渐成为现实。利用这些先进技术构建起来的更加智能、灵活和高效的智能化光纤网络，能够根据实际情况自动调整和优化网络配置，提高网络资源的利用率，为用户提供更好的通信体验。

2

光网络技术基础

2.1 光通信原理

光纤通信是以光为载波，以光纤为传输介质的通信方式。光纤是由绝缘的石英（SiO_2）材料制成的，通过提高材料纯度和改进制造工艺，可以在宽波长范围内获得很小的损耗。在光纤通信系统中，作为载波的光波频率比电波频率高得多，而作为传输介质的光纤又比同轴电缆或波导管的损耗低得多，因此，相对于其他的通信手段，光纤通信具有许多独特的优点。

光纤通信系统可以传输数字信号，也可以传输模拟信号。用户要传输的信息多种多样，一般有语音、图像、数据等多媒体信息。单向传输的光纤通信系统如图 2-1 所示，包括发射、接收和作为广义信道的基本光纤传输系统。

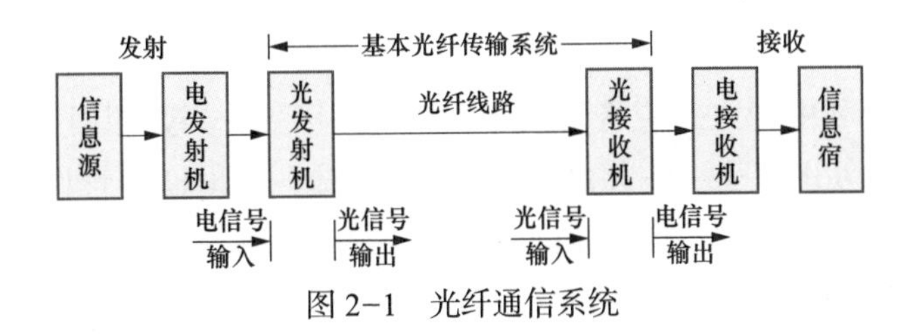

图 2-1　光纤通信系统

信源把用户信息转换为原始电信号，这种信号称为基带信号。电发射机把基带信号转换为适合信道传输的信号，这个转换如果需要调制，则其输出信号称为已调信号，然后将信息通过调制技术转换为光信号，通过光纤线路进行传输，最后在接收端通过解调技术将光信号还原为原始信息。

在光通信中，调制技术起着至关重要的作用。它负责将电信号转换为光信号，以便在光纤中进行传输。常见的调制方式包括强度调制、相位调制和频率调制等。

解调技术则是调制技术的逆过程，负责将接收到的光信号还原为电信号，以便后续处理。

此外，光通信还受到噪声、损耗和色散等因素的影响。噪声来源于光学器件和环境因素，会对光信号造成干扰，降低通信质量。损耗则是光信号在传输过程中的衰减，需要通过光放大器等技术进行补偿。色散则是由于不同波长的光在光纤中传输速度不同而导致的信号失真，需要通过色散补偿技术进行校正。

2.2 光通信组件

光通信系统由光源、光检测器、光放大器、光开关、光纤等组成。

（1）光源。光源是光通信系统的核心组件之一，负责产生用于传输的光信号。在光网络中，常用的光源主要有激光器和发光二极管（light emitting diode，LED）。

激光器以其单色性好、方向性强和亮度高的特点，成为长距离、大容量光通信的首选光源。激光器的工作原理是基于受激辐射效应，能够产生具有相干性的光波，从而实现高速、稳定的信息传输。

LED 则以其低成本和宽光谱的特性，在短距离、低速率的光通信中得到广泛应用。LED 产生的光信号虽然亮度较低，但足以满足短距离传输的需求，并且在成本上具有较大优势。

（2）光检测器。光检测器是光通信系统中的另一个关键组件，负责将接收到的光信号转换为电信号。常用的光检测器主要有光电二极管和雪崩光电二极管（avalanche photo diode，APD）。

光电二极管利用光电效应将光信号转换为电信号。当光照射到光电二极管的表面时，光子激发出电子—空穴对，从而产生电流。光电二极管具有响应速度快、灵敏度高和噪声低等优点，是光通信系统中常用的检测器件。

APD 则是一种具有内部增益机制的光检测器，能够提高信号的接收灵敏度。APD 利用雪崩倍增效应，在光信号转换为电信号的过程中产生额外的电子—空穴对，从而放大电流信号。这使得 APD 在长距离、弱信号的光通信中具有更好的性能表现。

（3）光放大器。光放大器是对光信号进行放大的器件，能够延长光信号的传输距离和提高传输质量。在光网络中，常用的光放大器主要有掺铒光纤放大器（EDFA）和拉曼放大器。

EDFA 利用掺铒光纤中的受激辐射效应对光信号进行放大。当泵浦光照射到掺铒光纤时，铒离子被激发到高能级状态，并在信号光的作用下产生受激辐射效应，从而放大信号光。EDFA 具有增益高、噪声低和带宽宽等优点，是光通信系统中常用的放大器。

拉曼放大器则利用光纤中的非线性效应——拉曼散射对光信号进行放大。当强泵浦光通过光纤时，会产生拉曼散射效应，将部分能量转移给信号光，从而实现光信号的放大。拉曼放大器适用于特定波段的光通信，并在某些特定应用中具有优势。

（4）光开关。光开关是实现光信号路由选择和切换的关键器件。在光网络中，光开关用于实现光信号的动态分配、保护和恢复等功能。常用的光开关主要有机械式光开关、波导式光开关和微电子机械系统（micro-electro-mechanical system，MEMS）光开关等。

机械式光开关通过机械运动来改变光路的通断状态。它具有插入损耗低、隔离度高等优点，但响应速度相对较慢。波导式光开关则利用波导结构中的光学效应来实现光路的切换，具有响应速度快、体积小等优点。MEMS 光开关结合了微电子技术和机械技术，通过微机械结构实现光路的快速切换，具有集成度高、可靠性好等优点。

（5）光纤。光纤是光信号传输的媒介，其传输性能直接影响到光通信系统的整体性能。光纤主要分为单模光纤和多模光纤两种。

单模光纤只允许一种模式的光波在其中传播，因此具有传输距离远、带宽宽等优点。单模光纤适用于长距离、大容量的光通信场景。多模光纤则允许多种模式的光波在其中传播，适用于短距离、低速率的光通信场景。在实际应用中，需要根据具体的传输需求和场景选择合适的光纤类型。

2.3 光传输技术

光传送网络是一个多层次、复杂而精细的系统，其构成多样且各具特色。这个系统不仅涵盖了基础的物理传输层面，还包括了电层处理、光层处理以及接入网络等多个关键技术领域。每一个部分都承载着特定的功能，同时它们之间又相互关联，共同构建了一个稳固而高效的网络体系。

光纤光缆是整个光通信技术的基础，承担着信息传输的重要任务。其承载的传输系统经历了从准同步数字系列（plesiochronous digital hierarchy，PDH）到同步数字体系（synchronous digital hierarchy，SDH）的技术演进，这一转变在通信历史上具有里程碑式的意义。PDH技术虽然在一定程度上满足了初步的通信需求，但随着网络规模的扩大和业务种类的增多，其局限性逐渐显现。比如，PDH技术在时钟同步、数据传输效率以及网络管理等方面存在明显的不足。

相比之下，SDH技术的引入则带来了革命性的变革。SDH通过采用同步复用的方式，实现了更精确的时钟同步，从而确保了数据传输的稳定性和准确性。此外，SDH技术还提供了丰富的网络管理功能，使得网络运营者能够更加方便地对网络进行配置、监控和维护。这些优势使得SDH技术迅速成为了光传输的主流技术，为现代通信网络的发展奠定了坚实的基础。

然而，随着通信技术的飞速发展和用户需求的不断增长，单纯依赖SDH技术已无法满足日益庞大的数据传输需求。这时，波分复用（wavelength division multiplexing，WDM）技术的出现为光纤传输带来了新的突破。WDM技术允许在同一根光纤中同时传输多个不同波长的光信号，从而极大地提高了光纤的传输容量和效率。这种技术的引入，使得光纤网络的传输能力得到了质的提升，为大数据、云计算等新型业务的发展提供了有力的支撑。

在光传送网络中，光传送网（optical transport network，OTN）技术的地位尤为重要。OTN以波分复用技术为基础，在光层组织网络，为光信号的传输提供了灵活、高效的解决方案。与传统的SDH和WDM技术相比，OTN技术具有更强大的网络管理和维护能力。它支持多种业务接口和保护方式，能够满足不同用户的需求，为各种业务提供高质量的网络服务。同时，OTN技术还具有很好的扩展性和灵活性，能够轻松应对未来网络业务的发展和变化。

2.3.1 同步光纤网络 / 同步数字层次结构

同步光纤网络（synchronous optical network，SONET）和同步数字体系（SDH）是两种广泛使用的光网络传输协议。它们定义了光信号的帧结构、传输速率和复用方式等，确保了不同厂商的光通信设备可以互相连接和通信。

SONET主要应用于北美地区，其标准定义了多种传输速率和帧结构，以满足不同场景下的传输需求。SONET还提供了丰富的网络管理功能，如故障定位、性能监测等，便于运营商对网络进行维护和管理。

SDH则在全球范围内得到广泛应用。与SONET相比，SDH具有更加灵活和高效的复用方式，能够更好地适应不同业务类型和传输需求。SDH还支持多种保护恢复机制，如1+1保护、环网保护等，提高了光通信系统的可靠性和稳定性。

2.3.1.1 SDH 的帧结构

SDH 帧结构是实现数字同步时分复用、保证网络可靠有效运行的关键。图 2-2 给出 SDH 帧的一般结构。一个 STM-N 帧有 9 行，每行由 $270 \times N$ 个字节组成。这样每帧共有 $9 \times 270 \times N$ 个字节，每字节为 8 位。帧周期为 125μs，即每秒传输 8000 帧。对于 STM-1 而言，传输速率为 $9 \times 270 \times 8 \times 8000=155.520$（Mbit/s）。字节发送顺序为由上往下逐行发送，每行先左后右。

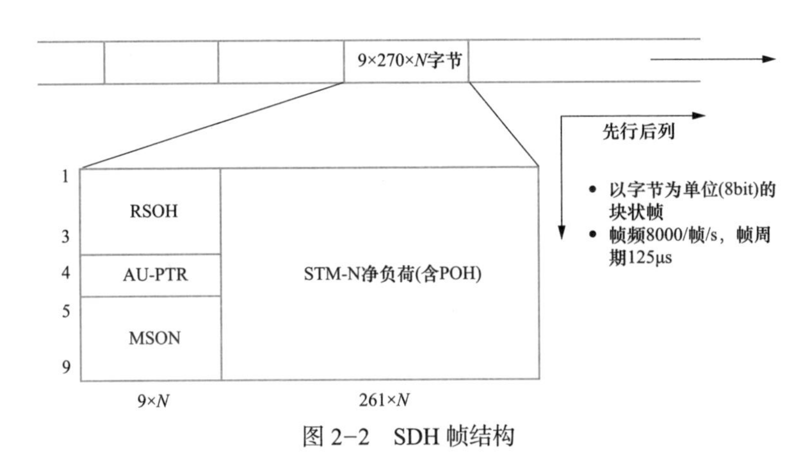

图 2-2 SDH 帧结构

SDH 帧大体可分为段开销（SOH）、信息载荷（Payload）、管理单元指针（AU PTR）三个部分。

段开销是在 SDH 帧中为保证信息正常传输所必需的附加字节（每字节含 64kbit/s 的容量），主要用于运行、维护和管理，如帧定位、误码检测、公务通信、自动保护倒换以及网管信息传输。对于 STM-1 而言，段开销共使用 9×8（第 4 行除外）$= 72$（Byte）相应于 576bit。由于每秒传输 8000 帧，所以 SOH 的容量为 $576 \times 8000 = 4.608$（Mbit/s）。段开销又细分为再生段开销（regenerator section overhead，RSOH）和多路复用段开销（multiplex section overhead，MSOH）。前者占前 3 行，后者占 5～9 行。再生段开销主要负责监控和管理再生段层面，主要组成部分包括：

（1）A1 和 A2 字节。这两个字节是帧定位字节，用于确定 STM-N 帧的起始位置。

（2）J0 字节。再生段踪迹字节，用于确认接收端与发送端处于连接状态，也可标识 STM-1 在 STM-N 帧中的位置。

（3）B1 字节。比特间插奇偶校验字节，用于检测再生段的误码。

（4）E1 字节。公务联络字节，提供一个公务通信通道。

（5）D1–D3 字节。数据通信通路字节，用于再生段终端间传输操作、管理和维护（OAM）数据。

（6）F1 字节。用户者通路字节，为运营者提供一个附加的通信通路。

复用段开销负责监控和管理复用段层面，主要组成部分包括：

（7）B2 字节。复用段误码监视字节，用于复用段层面的误码检测。

（8）K1 和 K2 字节。自动保护倒换（APS）通路字节，负责复用段保护倒换时的信令传输。

（9）D4–D12 字节。数据通信通路字节，提供更高的数据速率用于复用段终端间的 OAM 数据传输。

（10）E2 字节。另一个公务联络字节，用于复用段终端间的通信。

（11）M1 字节。复用段远端误码块指示字节，用于指示远端的误码情况。

（12）S1 字节。同步状态字节，表示复用段的同步质量等级。

这些段开销字节确保了 SDH 网络能够在出现故障时及时检测并触发相应的保护机制，同时也为网络管理员提供了强大的监控和管理工具。通过这些开销字节，SDH 网络能够实现高效的故障定位、性能监测和公务通信等功能。

信息载荷是 SDH 帧内用于承载各种业务信息的部分。在 SDH 帧中，信息载荷区域占据大部分空间，用于放置需要传输的业务信息。这些信息可以是语音、数据、视频等多种类型，根据网络的需求和业务的特点进行灵活配置。对于 STM–1 而言，信息载荷有 $9 \times 261=2349$（Byte），相应于 $2349 \times 8 \times 8000=150.336$（Mbit/s）的容量。同时，信息载荷部分还包含少量的通道开销（POH）字节，这些字节主要用于运行、维护和管理功能，确保业务信息的正常传输。

值得注意的是，管理单元指针（AU–PTR）在 SDH 帧结构中起到了关键的作用。它是一种指示符，用于指示信息载荷中第一个字节在帧内的准确位置（相对于指针的偏移量）。对于 STM–1 而言，AU PTR 有 9 个字节（第 4 行），相应于 $9 \times 8 \times 8000=0.576$（Mbit/s）。通过管理单元指针的使用，解决了低速信号复接成高速信号时，由于小的频率误差所造成的载荷相对位置漂移的问题，从而保证了信息的准确传输。

总的来说，SDH 的信息载荷部分承载了网络中的实际业务数据，并通过一系列的技术和管理手段确保数据的准确、高效传输。它是 SDH 技术实现高速、大容量、灵活配置数字通信的关键部分。

2.3.1.2 SDH 复用原理

将低速支路信号复接为高速信号，通常有正码速调整法和固定位置映射法两种传统方法。SDH 采用载荷指针技术，结合了上述两种方法的优点，付出的代价是要对指针进行处理。指针是管理单元和支路单元的重要组成部分。指针的作用主要有两个：① 用 AU–4 指针指明 VC–4 在 AU–4 中的位置；② 用于码速调整，即调整与标称值相比较快或较慢 VC，实现网络各支路的同步，保持低次群的完整性。

ITU–T 规定了 SDH 的一般复用映射结构。映射结构是指把支路信号适配装入虚容器的过程，其实质是使支路信号与传送的载荷同步。这种结构可以把目前 PDH 的绝大多数标准速率信号装入 SDH 帧。

图 2–3 给出了 SDH 一般复用映射结构，图中 C–*n* 是标准容器，用来装载现有 PDH 的各支路信号，即 C–11、C–12、C–2、C–3、C–4 分别装载 1.5、2、6、34、45Mbit/s 和 140Mbit/s 的支路信号，并完成速率适配处理的功能。在标准容器的基础上，加入少量通道开销字节，即组成相应的虚容器 VC。VC 的包络与网络同步，但其内部则可装载各种不同容量和不同格式的支路信号。所以引入虚容器的概念，可不必了解支路信号的内容，便可以对装载不同支路信号的 VC 进行同步复用、交叉连接和交换处理，实现大容量传输。由于在传输过程中，不能绝对保证所有虚容器的起始相位始终都能同步，所以要在 VC 的前面加上管理单元指针（AU PTR），以进行定位校准。加入指针后组成的信息单元结构分为管理单元（AU）和支路单元（TU）。AU 由高阶 VC（如 VC–4）加 AU 指针组成，TU 由低阶 VC 加 TU 指针组成。TU 经均匀字节间插后，组成支路单元组（TUG），然后组成 AU–3 或 AU–4。3 个 AU–3 或 1 个 AU–4 组成管理单元组（AUG），加上段开销 SOH，便组成 STM–1 同步传输信号；*N* 个 STM–1 信号按字节同步复接，便组成 STM–N。

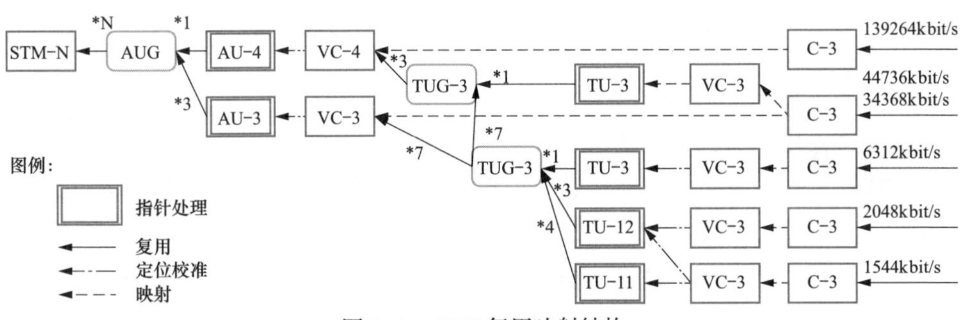

图 2–3 SDH 复用映射结构

映射是将各种速率的信号先经过码速调整装入相应的标准容器（C），再加上通道开销（POH）形成虚容器（VC）的过程。这个过程确保了各种业务信号能够适配到SDH的帧结构中，为后续的定位和复用提供基础。在映射过程中，不同类型的信号会经过不同的处理。例如，对于PDH信号，需要采用异步映射的方式将其适配到SDH的虚容器中。而对于ATM信元等同步信号，则可以采用比特同步映射的方式。这些映射方式的选择取决于信号的类型和特性。

定位是将帧偏移信息收进支路单元（TU）或管理单元（AU）的过程，通过支路单元指针（TU PTR）或管理单元指针（AU PTR）的功能来实现。定位过程确保了SDH帧中各个虚容器的准确位置，使得接收端能够正确地解复用和提取出原始信号。在定位过程中，指针的作用至关重要。它们不仅指示了虚容器在SDH帧中的位置，还提供了帧同步和相位调整的功能。这些指针的调整和更新是动态的，以确保在传输过程中能够实时跟踪和适应信号的变化。

复用是将多个低阶通道层的信号适配进高阶通道层，或把多个高阶通道层信号适配进复用层的过程。在SDH技术中，复用是同步复用，即各个支路信号已经相位同步后再进行复用。这种复用方式能够确保信号的稳定性和可靠性，提高传输效率。复用过程中，不同阶数的通道层信号会被逐级适配到更高阶的通道层中。例如，多个VC-12信号可以被适配到一个VC-4信号中。这种复用方式不仅提高了传输容量，还使得网络更加灵活和可扩展。

2.3.2 波分复用技术

波分复用（wavelength division multiplexing，WDM）技术是现代光纤通信中的一项重要技术。它允许不同波长的多个独立光信号复用在一起，在同一根光纤中同时传输，极大地提高了光纤的传输容量。这些独立的光信号可以分别进行路由选择和检测，且每个信号的波长可以作为其源、宿或者路由的标识地址，这为确定通信路径提供了极大的灵活性。

WDM技术在20世纪90年代初出现，但在1995年以前，由于其关键器件如波分复用器/解复用器和光放大器尚未完全成熟，加之当时TDM技术相对简单且能满足需求，因此WDM技术并未得到快速发展。1995年以后，随着数据业务的爆炸性增长，对传输容量的需求急剧增加，TDM技术在10Gbit/s以上面临电子元器件的挑战，此时WDM技术开始进入快速发展阶段。

波分复用技术在实际应用中有多种提法，如波分复用（WDM）、密集波分复用（DWDM）和光频分复用（OFDM）等。尽管这些术语听起来有所不同，但它们在本质上都是光波长分割复用（或光频率分割复用）。它们之间的主要区别在于复用信道波长间隔的大小。例如，密集波分复用（DWDM）是指在同一窗口中信道间隔较小的波分复用技术，当光信道非常密集时，称之为光频分复用（OFDM）。

值得注意的是，由于当前某些光器件与技术尚未达到完全成熟的状态，实现光频分复用仍存在一定的技术难度。特别是在 1310/1550nm 的复用方面，由于其超出了掺铒光纤放大器（EDFA）的放大范围，这种复用技术目前仅用于一些特殊场合。在更广泛的电信网和电力通信网中，密集波分复用（DWDM）技术因其高效、稳定的特点而被广泛采用。

现阶段，DWDM 技术主要工作在 1550nm 波长区段，特别是 1525～1565nm 的 C 波段，是目前系统最常用的波段。通过消除光纤损耗谱中的尖峰，可以充分利用光纤在 1280～1620nm 波段内的低损耗特性，从而将波分复用系统的可用波长范围扩展到约 340nm。这不仅极大地提高了传输容量，还为未来光纤通信的发展提供了广阔的空间。DWDM 技术通过采用 C 波段的 8、16 或更多个波长，在一对光纤（也可采用单光纤）上构建光通信系统。在这些系统中，每个波长之间的间隔可以精细到 1.6nm、0.8nm 或更低，分别对应约 200GHz、100GHz 或更窄的带宽，从而实现了超高频谱利用率和超高传输容量。

波分复用系统可以根据其传输方式和光接口的不同进行分类。单向传输的集成式系统通过将 *N* 个不同波长的光信号经过波分复用器合并到一根光纤中进行传输。在传输过程中，如果距离过长，可以每 80km 添加一个线路光放大器（OA）来同时放大多个波长信号。在接收端，利用具有光波长选择功能的解复用器将不同波长的光信号分离并送至相应的光接收机进行接收。而单向开放式系统则在波分复用器前加入了波长转换器（OTU），这样可以将非标准的 SDH 波长转换为标准波长，从而实现不同厂商 SDH 系统的无缝接入和波长兼容性。

WDM 系统主要由光发射机、光中继放大器、光接收机、光监控信道等部分组成，如图 2-4 所示。光发射机负责产生和发射特定波长的光信号；光中继放大器用于在信号传输过程中对衰减的信号进行放大以确保信号的稳定传输；光接收机则负责接收和解码光信号；光监控信道用于对系统进行实时监控和管理；最后网络管理系统则对整个网络进行配置、监控和维护确保网络的稳定运行和高效性能。这五个部分相互协作共同构成了一个高效、稳定且功能强大的光波分复用系统为现代光纤通信提供了坚实的基础支撑。

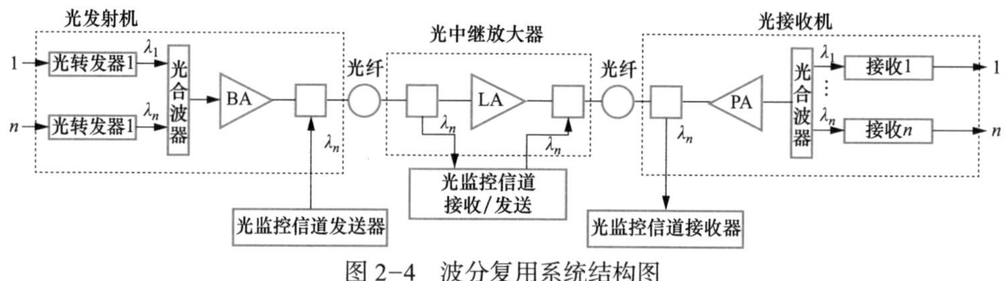

图 2-4　波分复用系统结构图

2.3.3　光传送网

近年来，通信网络所承载的业务发生了巨大的变化，随着业务需求的提高，大颗粒宽带业务传送需求不断增大。MSTP/SDH 技术偏重于业务的电层处理，具有良好的调度、管理和保护能力，OAM 功能完善。但是，它以 VC4 为主要交叉颗粒，采用单通道线路，其交叉颗粒和容量增长对于大颗粒、高速率、以分组业务为主的承载显得力不从心。WDM 技术以业务的光层处理为主，多波长通道的传输特性决定了它具有提供大容量传输的天然优势。但是，目前的 WDM 网络主要采用点对点的应用方式，缺乏灵活的业务调度手段。作为下一代传送网发展方向之一的光传送网技术，将 SDH 的可运营和可管理能力应用到 WDM 系统中。同时具备了 SDH 和 WDM 的优势，更大程度地满足多业务、大容量、高可靠、高质量的传送需求。

2.3.3.1　光传送网定义及体系结构

光传送网由一系列光网元经光纤链路互连而成，能按照 G.872 要求提供有关客户层的传送、复用、选路、管理、监控和生存性功能。OTN 概念和整体技术架构是在 1998 年由 ITU.T 正式提出的。在 2000 年之前，OTN 的标准化基本采用了与 SDH 相同的思路。以 G.872 光网络分层结构为基础，分别从网络节点接口（G.709）、物理层接口（G.959.1）、网络抖动性能（G.8251）等方面定义了 OTN。此后，OTN 作为继 PDH、SDH 之后的新一代数字光传送技术体制。经过近 10 年的发展其标准体系日趋完善，目前已形成一系列框架性标准。

ITU-T G.872 定义的 OTN 分层结构如图 2-5 所示。客户层指 OTN 网络所要承载的业务信号，包括 IP、以太网、SDH 等。OCh 为光通道层，为业务信号提供端到端的组网功能，每个光通道 OCh 占用一个光波长，实现接入点之间的业务信号传送。OMS 为光复用段层，为经过波分复用的多波长信号提供组网功能，实现光通道在接入点之间的传送。OTS 为光传输段层，提供在光纤上传输光信号的功能，实现光复用段在接入点之间的传送。

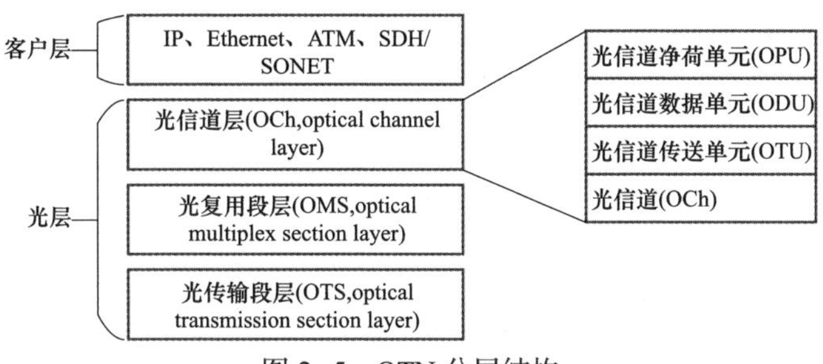

图 2-5 OTN 分层结构

在 OTN 层结构中，OCh 为整个 OTN 网络的核心，是 OTN 的主要功能载体。OCh 由 3 个电域子层单元和 1 个模拟单元组成。模拟单元就是光信道物理信号，3 个电域子层单元包括 OTU*k* 光传输单元、ODU*k* 光数据单元、OPU*k* 光净荷单元，其中 k 用来表示支持的比特速率和 OTU*k*、ODU*k*、OPU*k* 的不同版本，例如 $k=1$ 表示比特率约为 2.5Gbit/s，$k=2$ 表示比特率约为 10Gbit/s，$k=3$ 表示比特率约为 40Gbit/s。完整的 OTN 技术体制包含电层和光层。在电层，OTN 借鉴了 SDH 的映射、复用、交叉、嵌入式开销等概念；在光层，OTN 借鉴了传统 WDM 的技术体系并有所发展。

电层主要完成客户信号从 OPU 到 OTU 的逐级适配、复用，最后转换成光信号调制到光信道载波（OCC）上。OPU*k* 直接承载用户业务信号，实现客户信号映射进一个固定帧结构的功能，包括但不限于 STM-N、IP 分组、ATM 信元、以太网帧。ODU*k* 是以 OPU*k* 为净荷的信息结构，拥有一定开销，开销主要用于监测 ODU*k* 端到端通道的性能、ODU*k* 串联连接性能。OTU*k* 是以 ODU*k* 为净荷的信息结构，提供 FEC，光段层保护和监控功能。电层开销为随路开销。电层复用方式为字节间插式时分复用，通过多次时分复用形成 OCh。

光层主要完成 OCh 信号的逐级适配、复用。OCh 提供两个光网络结点间端到端的光信道，支持不同格式的用户净负荷，提供连接、交叉调度、监测、配置、备份和光层保护与恢复等功能。OMS 支持波长复用，提供波分复用、复用段保护和恢复等服务功能。OTS 为光信号在不同类型的光媒质上提供传输功能。确保光传输段适配信息的完整性，同时实现放大器或中继器的检测和控制功能。对应着三个光平面，有相应的模块单元完成各层的功能。

2.3.3.2 OTN 的实际网络结构

如图 2-6 所示，在发送端 SDH/ 以太网业务信号经客户单板接入并转换为 OPU，OPU 经单板处理后输出 ODU。随后 ODU 通过线路单板接入并转换为 OTU，通过合波器把多路OTU光信号复用在一起，在同一根光纤中进行传输。光纤传输路径上通过OA光放大器，对光信号再生放大，确保光信号可以长距离传输。在接收端，通过分波器将光信号进行解复用，分出多路光信号，经线路单板和客户单板处理后，输出业务信号SDH/以太网。

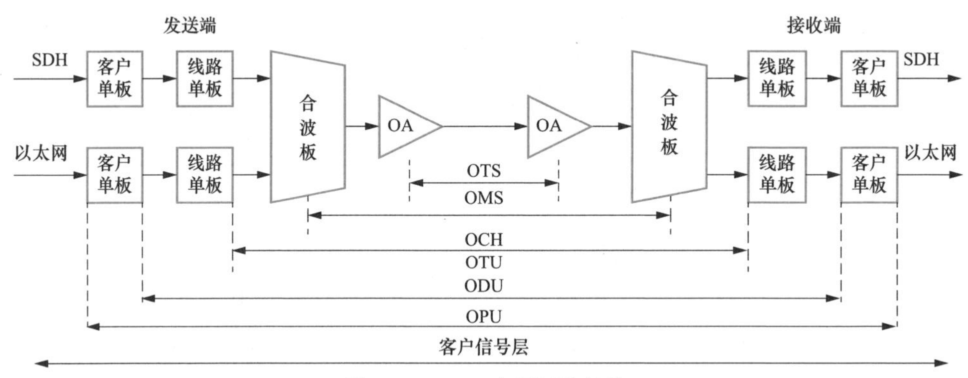

图2-6 OTN实际网络结构

其中，OPU的连接点位置通常在客户单板的客户侧。ODU的连接点位置通常在客户单板的线路侧。OTU的连接点位置通常在线路单板的线路侧。OCH的连接点位置通常在线路单板的线路侧。OMS的连接点位置通常位于合分波单板的位置。OTS的连接点位置通常位于OA单板位置。在OTN设备中，客户单板和线路单板统称为业务单板，业务单板用于业务信号和ODU的转换，线路单板用于ODU和OTU的转换。

2.3.3.3 OTN技术特点

（1）高带宽与高效率。OTN技术的高带宽特性主要得益于波分复用技术。通过将不同波长的光信号复用到同一根光纤中进行传输，OTN能够实现每秒高达数百吉比特甚至太比特的传输速率。这种高带宽特性使得OTN成为处理大数据传输、高清视频流等应用的理想选择。同时，OTN还采用了先进的编码和调制技术来提高频谱效率和能量效率。这意味着在相同的频谱资源下，OTN能够传输更多的数据，从而降低网络拥堵和延迟。

（2）灵活性与可扩展性。OTN技术的灵活性和可扩展性是其另一大优势。OTN支持多种业务接口和协议类型，如以太网、SDH/SONET、Fibre Channel等。这使得OTN能够轻松地接入和承载各种不同类型的业务，满足不同用户的需求。随着业务需求的增长，OTN网络也可以方便地进行扩展和升级。通过增加波长数量或提高单个波长的传输速率，OTN网络可以轻松地应对未来数据传输需求的增长。

（3）可靠性与安全性。在可靠性方面，OTN 技术采用了多种保护机制和恢复策略来确保数据传输的可靠性。例如，光层保护可以通过在光纤断裂或设备故障时自动切换到备用路径来保证数据传输的连续性。电层保护则通过数据复制和冗余技术来提高数据的可靠性。在安全性方面，OTN 支持加密传输和访问控制等安全机制来保护数据的机密性和完整性。这些安全措施使得 OTN 成为一种高度可靠和安全的数据传输技术。

（4）智能性与可管理性。OTN 技术的智能性和可管理性主要得益于智能控制平面和网络管理系统（NMS）的引入。智能控制平面可以自动发现网络资源、动态建立连接并实时监控网络状态，从而简化了网络配置和管理过程。NMS 则提供了对网络的全面管理和维护功能，包括配置管理、故障管理、性能管理等。通过这些功能，网络管理员可以轻松地监控和管理整个 OTN 网络，确保网络的稳定运行和高效利用。

2.3.4 分组传送网技术

随着网络技术的飞速发展和业务需求的不断增长，传统的 SDH/MSTP 网络已经无法满足日益增长的 IP 业务需求。为了更好地承载 IP 业务，提高网络效率和灵活性，分组传送网（packet transport network，PTN）技术应运而生。PTN 是一种面向分组业务传送的新型传送网技术，能够很好地满足 IP 业务的需求。

2.3.4.1 基本概念

PTN 是指这样一种光传送网络架构和具体技术：在 IP 业务和底层光传输媒质之间设置了一个层面，它针对分组业务流量的突发性和统计复用传送的要求而设计，以分组业务为核心并支持多业务提供，具有更低的总体使用成本，同时秉承光传输的传统优势，包括高可用性和可靠性、高效的带宽管理机制和流量工程、便捷的 OAM 和网管、可扩展、较高的安全性等。

PTN 支持多种基于分组交换业务的双向点对点连接通道，具有适合各种粗细颗粒业务、端到端的组网能力，提供了更加适合于 IP 业务特性的“柔性”传输管道；具备丰富的保护方式，遇到网络故障时能够实现基于 50ms 的电信级业务保护倒换，实现传输级别的业务保护和恢复；继承了 SDH 技术的操作、管理和维护机制（OAM），具有点对点连接的完美 OAM 体系，保证网络具备保护切换、错误检测和通道监控能力；完成了与 IP/MPLS 多种方式的互连互通，无缝承载核心 IP 业务；网管系统可以控制连接信道的建立和设置，实现了业务 QoS 的区分和保证、灵活提供 SLA 等优点。

另外，它可利用各种底层传输通道（如 SDH/Ethernet/OTN）。总之，它具有完善的 OAM 机制、精确的故障定位和严格的业务隔离功能，最大限度地管理和利用光纤资源，保证了业务安全性，在结合 GMPLS 后，可实现资源的自动配置及网状网的高生存性。

2.3.4.2 主要特点

（1）通用分组交叉技术。PTN 使用了通用的分组交叉技术，实现了一个灵活支持同步复用的业务与灵活支持以太网业务的交换平台。它解决了以太网设备无法高效地传输到较高 QoS 的业务及 MSTP 设备的数据吞吐量较低等缺点，有助于 PTN 网络顺利地适应未来行业融合的新要求。

（2）可扩展性技术。通过网络分层和分域实现了 PTN 网络的可扩展性。不同的业务信号可以分层灵活传输和交换。PTN 的分层和分域模式也可以创建在传统的传输技术，如 SDH 、OTN 或以太网，但是这种分层模式从传统网络的概念摆脱出来，使 PTN 网络可信和灵活，服务和应用程序独立的低成本网络传输平台，来满足各种需求的多业务传输和应用程序。

（3）同步技术。PTN 技术同步技术包括频率同步（时钟同步）和时间同步两个方面。PTN 网络主要用于分组业务，不需要同步。而 PTN 定位为多业务的统一平台，为了满足传统 TDM 业务和其他传输网络应用场景的同步需求，PTN 网络需要考虑同步问题。因此，有必要创建 PTN 网络时钟和时间同步系统。当传输网络支持 TDM 业务时，需要在网络出口提供一种重建机制，用于重建 TDM 码流的定时信息。PTN 网络中为了解决这个问题，满足网络操作的频率要求，提出了以下频率同步处理技术：同步以太网、时钟在分组上传送、电路仿真服务 CES、精确时间协议、自适应和差分时钟恢复等。

2.3.4.3 关键技术

（1）伪线仿真技术。伪线仿真（pseudo wire emulation edge-to-edge，PWE3）是一种用于在 IP/MPLS 网络中传输非以太网协议（如 ATM、TDM、SONET 等）的技术。其工作原理为：PWE3 通过将非以太网协议数据包封装在以太网帧中来实现透明传输，将非以太网协议数据包转换为以太网帧格式。PWE3 在源设备的边缘节点（PE）和目标设备的边缘节点之间建立一个虚拟连接。这个连接可以是点对点或点对多点，也可以是单向或双向的。PWE3 通过使用标准的伪线协议，如 Martini 协议或 Kompella 协议，在 IP/MPLS 网络中模拟一个点对点或点对多点的物理连接。这个连接被称为伪线。当源设备的 PE 接收到非以太网协议数据包时，它将数据包封装在以太网帧中，然后通过伪线发送到目标设备的 PE。目标设备的 PE 将以太网帧解封装，并将原始数据包转发到目标设备上。PWE3 还提供了一些可靠性特性，如数据包的序列化、重传和流控制，以确保数据的可靠传输。

（2）服务质量保障技术。服务质量保障（quality of service，QoS）技术是一种网络管理技术，用于在网络中按照一些预先定义的优先级或限制规则，优化网络带宽资源的分配和管理，使网络上的数据流能够按照一定的优先级或服务等级来实现传输控制和数据包调度。QoS 技术可以保证不同流量之间的公平性，提高网络的可靠性、稳定性和可用性。QoS 技术在实现语音、视频、数据等多种服务质量的场合被广泛应用。

QoS 技术有 best effort、隧道式和集成式三种服务模型。

1）best effort（尽力而为）服务模型。这个模型是 Internet 最基本的服务模型，它不提供任何服务质量保证，尽力将数据包传输到目标节点，但不能保证传输的可靠性和时效性。这个模型适用于普通的 Web 浏览、电子邮件等应用。

2）隧道式服务模型。这个模型为不同网络提供的服务品质提供不同的保障，通过建立虚拟的通路来把数据流量质量保证。隧道式服务模型通常适用于流媒体、语音通信等实时性要求比较高的应用。

3）集成式服务模型。这个模型是最为复杂和完善的服务模型，通过为每个网络节点指定特定道路和传输速率，将传输数据的优先级和服务质量保证结合起来。集成式服务模型适用于高速数据传输、在线视频等带宽占用比较高的应用。

（3）运营、管理和维护技术。运营、管理和维护（operations，administration，and maintenance，OAM）技术，用于光纤通信网中，确保网络的高可靠性和高性能。主要用于管理和监控网络中的连接、设备、链路和服务等，并及时发现和解决故障，保证网络的正常运行。OAM 技术包括多种协议和技术，如 Ethernet OAM、SONET/SDH OAM、MPLS OAM、OTN OAM 等。这些技术可以监测以太网帧、数据包、光信号等的传输质量和性能数据，诊断网络故障，提高网络可靠性和服务质量。

OAM 技术的主要功能包括连接检测和验证；连接管理和带宽管理；网络拓扑发现和维护；带宽利用率监测和优化；故障检测、定位和恢复；性能监测和报告；安全管理和访问控制。

总体来说，伪线仿真技术、QoS 技术和 OAM 技术都是 PTN 技术中非常重要的组成部分，它们可以提高 PTN 网络的性能、稳定性和管理能力，实现网络的高效运转。伪线仿真技术是 PTN 技术中实现众多业务共享同一物理链路的关键技术之一。通过将一个物理链路虚拟分割成多条逻辑链路（即伪线），实现多种业务间的隔离和共享，从而提高网络的带宽利用率、灵活性和可靠性。QoS 技术（保障技术）是 PTN 技术中实现差异化服务的重要手段，通过对数据流进行分类、标记、调度和控制，保证各种业务在网络中的传输质量、时延、丢包率等指标，从而满足不同业务的服务质量需求。OAM 技术是 PTN 技术中实现网络管理和故障定位的关键技术之一。通过对网络的监测、测试、诊断、报告和修复，及时发现和解决网络故障，保证网络的稳定性和可靠性。 因此，伪线仿真技术、QoS 技术和 OAM 技术都是 PTN 技术中非常重要的组成部分，它们共同为 PTN 技术的发展和应用提供了有力的支撑。

2.3.5 分组增强型光传送网技术

近年来，由于云计算、大数据、移动互联等技术的不断发展，数据流量呈几何级数增长趋势，传送网带宽面临空前的压力。由于传统网络与业务本身是紧耦合的，新业务的开发和响应速度远远不能满足需求。OTN 一方面需要提升速率、增大容量、降低单位比特成本；另一方面，需要通过进一步进行技术创新、简化网络层次、优化网络结构、降低网络建设及运营成本。因此，以分组增强型光传送网（packet enhanced OTN，POTN）为代表的多业务融合平台技术成为光传送网近年的研究热点。

2.3.5.1 技术概述

POTN 是深度融合分组传送和光传送技术的一种传送网，它基于统一分组交换平台，可同时支持 L2 交换（Ethernet/MPLS）和 L1 交换（OTN/SDH），使得 POTN 在不同的应用和网络部署场景下，功能可被灵活地进行裁减和增添。

POTN 主要定位在汇聚和核心层，基于统一分组交换平台，使得分组功能和光功能能够进行任意比例的组合。POTN 的演进存在两条路线，一条是基于分组功能增加光的功能，而另一条是基于光增加分组的功能。但接入层不可避免地要使用 PTN，所以从端到端管理的角度看，从 PTN 演进到 POTN 更为合适。

随着以 MPLS-TP 技术为主的接入 / 汇聚网带宽越来越大，POTN 将首先应用在城域。在城域网处，POTN 将大容量的分组业务汇聚到 OTN 承载管道。POTN 网络边缘与来自汇聚 / 接入网的 PTN 节点，通过 POTN 节点互连起来，它通过 PTN 线卡接入分组业务，并通过统一分组交换内核将 LSP/PW 业务汇聚到 OTN 的承载管道里，因此，POTN 需要提供 MPLS-TP 分组业务与 OTN 管道之间的适配功能；通过统一分组交换内核，提高分组业务到 ODUk 的汇聚能力。如果不同的 LSP 业务要去往不同方向节点，在 POTN 网络里，需要提供对 LSP/PW 和 ODUk 业务进行调度的能力。

从传送网体系架构的层次来看，分组光传送网它并没有引入新的技术和新的网络层次，因此对传送网体系架构没有带来影响，但对设备形态带来很大的影响。目前存在“MPLS−TP + OTN”以及“Ethernet + OTN”是两种主要的设备形态。

目前，POTN 主要涉及 ITU−T SG15 WP3 的多个工作组，包括 Q9、Q10、Q11、Q12、Q13 和 Q14，主要涵盖了 PTN 和 OTN 的传送平面技术、OAM 和保护以及网络管理和控制。IETF 主要拥有 MPLS−TP 转发平面技术知识产权，涵盖了 MPLS 转发平面技术，MPLS−TP 的 OAM、保护和相关协议。IEEE 802.1 涵盖了 Ethernet 的各种技术，包括 802.1Q、802.1ad、802.1ah 和 802.1qay 技术。

2.3.5.2 POTN 的优势

（1）超大的交换容量。由于采用信元交换，信号以信元的方式在设备中进行处理和交叉调度，其处理速度高达每秒数亿次。采用统一信元交换平台，单槽位业务容量一般都能达到 200Gbit/s 及以上，单子架的交叉容量都在太比特率以上。POTN 为 100 Gbit/s 和超 100Gbit/s 板卡提供了理想的传输平台。

（2）建设及运维成本低。平台能同时提供 SDH、IP、OTN、FC、CPRI、PDH 和 ATM 等多种业务，不必采用多种网络堆叠的背靠背结构，简化了网络层次，节省了机房空间，节省了电力供应，解决了运营商在汇聚层面临机房空间小和供电紧张等问题。

（3）强大的多业务承载能力。POTN 以 OTN 的多业务映射复用和大管道传送调度为基础，引入 PTN 的以太网、MPLS−TP 的分组交换和处理功能，来实现电信级分组业务的高效灵活承载，并兼容传统 SDH 业务处理功能。POTN 一方面具有物理隔离的 ODU*k* 刚性管道，能提供高安全性、实时性强、带宽独享的高品质专线业务，适合于高价值的集团客户；另一方面，POTN 还具有基于 MPLS−TP 的弹性管道，可以实现统计复用的带宽收敛和业务汇聚能力，能提供高带宽、时延不敏感的业务，适合于一般的宽带用户。

2.4 新型光通信技术

2.4.1 弹性光网络

弹性光网络（elastic optical networks，EONs）是一种新型的光网络技术，它允许在光层上动态地分配和调整光谱资源，以适应不断变化的业务需求。EONs通过采用灵活的频谱分配策略，如带宽可变的光收发器和灵活的光交叉连接器，可以显著提高网络资源利用率并降低运营成本。

在EONs中，光信号的传输不再受限于固定的波长或频率栅格，而是可以根据实际需求在连续的光谱范围内进行动态调整。这种灵活性使得EONs能够更好地应对突发业务和数据流量的变化，同时减少光网络中的频谱碎片和浪费。

2.4.2 量子光通信

量子光通信是一种基于量子力学原理的光通信技术，它利用光子的量子态来传输信息，具有无法被窃听的绝对安全性。在量子光通信中，信息被编码在单个光子的偏振、相位或能量等量子态上，通过光纤或自由空间进行传输。

与传统的光通信相比，量子光通信具有更高的安全性和隐私保护能力。然而，由于量子态的脆弱性和易受干扰的特性，量子光通信的实现面临着巨大的技术挑战。目前，量子光通信仍处于研究和实验阶段，但其在未来保密通信和量子计算领域的应用前景非常广阔。

2.4.3 可见光通信

可见光通信（visible light communication，VLC）是一种利用可见光波段的光信号进行信息传输的技术。它通过将数据调制到LED灯等发光设备的亮度变化上，实现无线光通信。VLC技术具有低成本、高安全性和无电磁干扰等优点，可以应用于室内定位、智能交通系统、无线通信网络补充等多个领域。

VLC的实现原理相对简单，但实际应用中仍面临着传输速率低、传输距离短和光线干扰等问题。为了克服这些限制，研究者们正在努力提高VLC的传输速率和距离，并探索与其他无线通信技术（如Wi-Fi、5G等）的融合应用。

3

弹性光网络技术

弹性光网络（EON）是近年来光通信领域的一项重要技术革新，它的出现和发展深刻改变了传统光网络的运营模式和服务能力。下文将从弹性光网络的背景、研究现状、主要技术理论等方面进行深入详细阐述。

3.1 弹性光网络技术背景

随着互联网技术的飞速发展，网络数据量呈现爆炸式增长，各种新型业务和应用层出不穷。这对光网络提出了更高的要求，尤其是在带宽、灵活性和可扩展性方面。然而，传统的固定栅格光网络由于其固定的带宽分配方式，已经难以满足这些多样化的业务需求。

在这种背景下，弹性光网络应运而生。它打破了传统光网络的固定栅格限制，采用灵活的带宽分配方式，可以根据业务需求动态地分配网络资源。这种灵活性使得弹性光网络能够更好地适应互联网数据量的增长和业务需求的变化。弹性光网络的背景与光通信技术的发展历程紧密相连，同时也受到互联网数据流量激增和业务需求多样化的驱动。

（1）传统光网络的限制。早期的光网络，如准同步数字体系（PDH）、同步数字体系（SDH）和波分复用（WDM），虽然在一定程度上满足了当时的通信需求，但随着互联网的发展，这些传统技术的固定带宽分配和缺乏灵活性的问题逐渐暴露出来。例如，SDH 虽然提供了较好的兼容性和业务透明性，但其有效性低，且存在安全性问题；而 WDM 虽然提高了传输容量，但其固定的信道间隔和速率限制了网络的灵活性。

随着云计算、大数据、物联网等技术的快速发展，网络中的数据量呈现爆炸式增长。这些新业务对网络带宽、灵活性和可扩展性提出了更高的要求。传统的光网络已经无法满足这些新业务的需求，因此需要一种更加灵活、高效的网络技术来支撑。

（2）频谱切片的引入。为了解决传统光网络的限制，日本电报电话公司（Nippon Telegraph and Telephone Corporation，NTT）公司在 2008 年提出了频谱切片的弹性光网络概念。这种网络打破了固定栅格网络的限制，能够根据业务实际需要的带宽以及源宿节点间的距离来进行资源分配。通过采用弹性灵活的频谱分配模式，即更细粒度的频谱隙分配方式，弹性光网络实现了精细化的频谱分割和管理，这大大提高了频谱资源的利用效率。

（3）技术标准的完善与应用推广。随着技术的不断发展，弹性光网络的相关技术标准也逐渐完善。ITU-T 等国际标准化组织已经制定了一系列关于弹性光网络的标准，为其广泛应用提供了支持。

目前，弹性光网络已经在多个国家和地区得到了实际应用。例如，美国的运营商威瑞森电信（Verizon Communication）和德国电信等都已建立了基于弹性光网络的技术平台，以提高网络资源的利用效率和满足不断增长的业务需求。

3.2 弹性光网络技术研究现状

目前，弹性光网络技术已经成为近年来光网络领域最重要的研究热点之一，下面就弹性光网络的体系架构、物理层实现机制、频谱资源分配及优化策略、生存性及协议控制机制、标准化等几个方面的相关研究现状进行简单综述。

3.2.1 体系架构研究现状

目前，针对弹性光网体系架构，日本、欧盟、美国各国研究工作者分别给出了定义并赋予了不同内涵。日本 NTT 公司的 M. Jinno 等人在光通信领域顶级会议 ECOC 上首次提出频谱切片弹性光网络概念，并在此基础上展开深入研究。在欧盟，Olivier Rival 和诺基亚贝尔实验室（Alcatel-Lucent Bell Lab）联合提出并展示一种基于“弹性”的新型网络概念，来改善并提高 WDM 网络的资源利用率，在该概念中“弹性”的含义代表一系列在当前网络中固定的通信参数，例如光信号速率、调制格式、通道间波长间隔，在新型网络结构中变得可调节。因此，这种弹性的特性使得传输参数、网络结构和业务特性之间的映射更加紧密，这些优点将大幅提升网络容量、有效降低每比特成本、使网络扩展性增强并更加高效节能。在美国，基于弹性光网被定义为灵活波分复用网络（flexible wavelength division multiplex，FWDM），这种网络架构能够支撑格形网络拓扑，支持动态容量分配，自动网络控制，光路自动建立，并称这种网络架构的设计将为未来光网络的发展提供重要依据。另外，由菲尼萨（Finisar）公司提出的一项名为 Flex-gird 的光网络，旨在强调面向灵活栅格的网络架构，讨论了这种网络架构下带宽可变交叉节点的基本设计结构，包括波长无关性、方向性、连接上下路等基本特征。在光通信领域顶级会议 OFC 上，Mathieu Tahon 等人阐述了现有 WDM 网络向 Flex-grid 网络演进的不同可能性，提出 Flex-grid 网络必将成为未来骨干网的架构基础，其演进方向有三种可能：Flex-grid 路线、Flex-grid 演进路线、DWDM 演进路线，如图 3-1 所示。

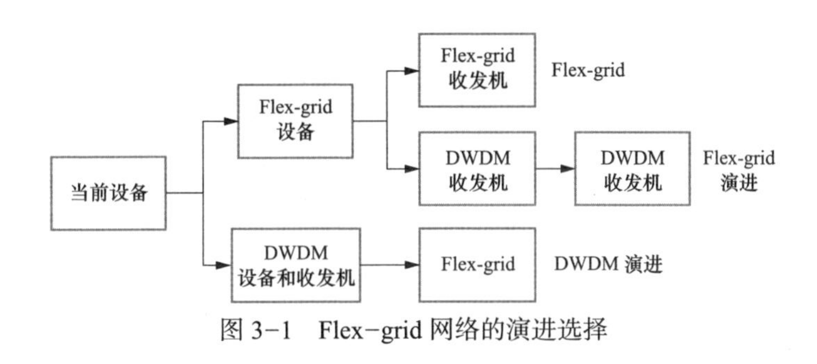

图 3-1　Flex-grid 网络的演进选择

3.2.2　物理层实现机制研究现状

弹性光网络的物理层关键技术主要包括以光 OFDM 调制技术为代表的带宽可变光收发技术、以带宽可变 WSS（bandwidth variable WSS，BV WSS）为主要器件的带宽可变交叉技术及频谱灵活光网络中物理损伤研究。在带宽可变光收发技术的研究中，OFC 会议上 Kazushige Yonenaga 等人提出并展示了一种比特率灵活可调的全光 OFDM 光收发机。通过这个光收发机成功产生了速率为 107Gbit/s、42.8Gbit/s、32.1Gbit/s 和 10.7Gbit/s 的光信号，并且速率为 107Gbit/s 的信号在 40km 长无色散补偿的单模光纤中成功传输。在带宽可变交叉技术的研究中，M.Jinno 等人阐述了与传统 WDM 网络相比，弹性光网络中使用带宽可变交叉节点的代价评估；Nicolas K 等人提出了一种新的 $N \times M$ 波长选择连接器，该波长选择连接器是基于一种具有灵活滤波通带的单 LCOS。

针对频谱灵活光网络中物理损伤研究，O.Rival 等人考虑信道之间的相互串扰的非线性影响，在 5～100Gbit/s 的弹性频谱光网络中，研究了光的非线性效应对传输系统的性能影响，特别是混合调制格式传输与非线性串扰之间的内在制约关系，并设计了各种不同的传输系统，达到降低光传输层的非线性对业务传输质量的影响。蔡欣丞等人提出了一种自适应的传输质量再生机制，这种机制融合了光路重路由技术和调制格式技术，用于应对灵活栅格光网络中的实时损伤，通过平台测试显示了这种新的再生机制具有无错的特性。

3.2.3 频谱资源分配及优化策略研究现状

弹性光网络由于在资源分配过程中需要考虑多种约束条件，与波长路由光网络相比，其资源分配及优化过程更加复杂。在这方面的研究主要集中在路由及频谱分配策略研究及网络资源频谱重构策略研究。

路由与频谱资源分配策略研究主要包括静态 RSA 算法研究和动态 RSA 算法研究。在静态 RSA 算法研究方面，Klinkowski M. 等研究人员利用整数线性规划方法（integer linear programming，ILP），为静态 RSA 问题建立数学规划模型。K. Christodoulopoulos 等人提出了弹性带宽分配算法，并运用数学线性规划模型与动态业务分配优化频谱模型解决了路由和频谱分配（RSA）的优化机制，同时解决了调制格式与 RSA 之间的内在关系。L. Velascol 等人提出了三种基于灵活栅格光网络的可变频谱分配机制，并通过大量的实验数据验证不同分配机制。张国英等人提出了一种新的流量汇聚和分发的疏导技术，该技术是建立在基于 OFDM 技术的频谱灵活光网。实验证明相对于没有流量疏导的情况，该技术明显地节约了发射机以及频谱资源。在动态 RSA 算法研究方面，Takagi T. 等研究人员在参考静态 RSA 问题的基础上提出了基于将路由和频谱资源分配相分离的“两步法”解决动态路由与频谱资源分配问题。同时，Christodoulopoulos K. 等研究人员提出基于弹性光网络业务速率在业务建立之后随时间变化的动态网络路由和频谱分配机制。此外，Morea A. 等人提出了距离及调制格式可调的动态弹性光网络，Munoz R. 等人提出了分布式情况下的弹性光网络路由和资源分配的路由和信令机制，Sone Y. 等人提出了基于带宽动态调整的恢复机制，Casellas R. 等人提出了基于路径计算单元的动态路由和信令机制等。

在网络频谱资源重构策略研究方面，Ankitkumar N. Patel 等人提出了频谱灵活光网络中频谱重构问题，并使用 ILP 算法和两种启发式算法来实现频谱重构。仿真实验证明网络频谱重构过程在保证受损业务连接个数最少的情况下使可用频谱有效利用并减少频谱碎片的产生。F.Cugini 等人提出了一种在频谱灵活光网络中具有频谱变换能力的节点结构，提出并设计了相应的频谱重构策略。Hyeon Yeong Choi 等人提出了一种基于独立集的辅助图模型和频谱重构策略以降低阻塞率和提高频谱利用率，提出了若干种基于频谱重调技术的带宽无损频谱重构算法，论证了频谱灵活光网络中利用灵活发送机和接收机来进行频谱重构的可行性。

3.2.4 网络生存性及协议控制机制研究

弹性光网络中带宽可变特征给网络带来了新的功能，例如使用带宽压缩机制的网络生存性策略。与此同时，这种策略需要控制平面使用扩展的 GMPLS 信令协议来完成。因此，弹性光网络的生存性及协议控制机制也是重要的研究部分。在弹性光网络中，为了保证业务的可靠性与生存性，提高业务的成本效率与生存性能，Yoshiaki Sone 提出了一种保护带宽资源不足时带宽可压缩的恢复机制，针对可用保护带宽资源不足，通过调节源端的调制格式与传输的码速率，达到业务能够传输恢复业务的工作通道，此方法能做到最大限度地恢复受损业务，并在光层与用户层进行恢复业务信息有效互动，实现控制平面灵活快速恢复受损业务，提高频谱灵活光网络的生存性能。徐劭等人提出相对于传统的 WDM 网络，基于 OFDM 的光网络的备份共享更加复杂且具有挑战性，基于此，他们提出并验证了备份共享策略。通过时域带宽共享、能效优先和高带宽压缩的生存性恢复技术，实现动态按需的业务接入机制。

在协议控制机制研究方面，ITU-T G.709 提出并实现了一种基于 GMPLS 控制平面的分布式频谱分配方法，该方法在信令前向传播过程中计算可用频谱资源信息，在信令到达目的节点时分配资源信息。O. Pedrola 等人具体设计并实现了弹性光网络控制平面的功能结构，结合路径计算单元（PCE）技术，提出一种路由和调制格式分配方法（routing and modulation assignment，RMA）。

3.2.5 国际标准化情况

国际标准化组织对于如何实现弹性光网络也开展了相关标准化研究和制定工作。弹性光网络技术相关国际标准目前主要由 ITU-T 和 IETF 研究制定。

在光层弹性标准方面，ITU-T 规范了频谱灵活光交换的物理层及网络结构，具体标准工作在 Q6、Q11 和 Q12 三个工作组进行，主要工作在 Q6 和 Q12 中。ITU-T SG15 的 Q6 工作组在 2012 年左右正式发布了支持灵活栅格的 DWDM 频率栅格分配标准 ITU-T G.694.1，其将传统固定的 50GHz 和 100GHz 通路带宽修改为 $N\times 12.5$GHz，这样为弹性光网络光层大带宽分配提供了基本准则。Q12 完成了光传送网框架结构标准 G.872《光传送网结构》的修订，主要引入 G.694.1 相关灵活频谱栅格概念、并定义了基于单载波和多载波的灵活谱间隔、灵活谱交换、光层监视等功能，并进一步细化网络架构。

在电层弹性方面，随着带宽业务的进一步发展，各种新型需求的带宽差异越大，OTN 承载的业务不但有小于 1.25Gbit/s 的类型，同时也包括超 100Gbit/s 带宽的新型业务，这就要求 OTN 技术多业务灵活性适配和传送的灵活性更高，现有 OTN 技术框架必须演进以适应未来灵活性应用需求。OTN 电层弹性带宽技术已经成为 ITU-T G.709 标准新的研究点，主要包括下一代固定速率、下一代灵活速率、相应涉及物理实现技术路线和 FEC 技术等。在这些技术研究点中，最主要的技术问题是超 100Gbit/s 带宽容器实现技术的讨论和选择。从目前可实现演进思路来看，主要包括遵循模式和创新模式，其中传输模式采用和现有 OTN 框架类似的 OTU5 容器（从目前业界普遍的发展观点来看，优先考虑 400Gbit/s 带宽已渐成定势），灵活模式则选择新型的灵活可扩展的带宽容器，例如采用容器的基本粒度为 100Gbit/s 或其他粒度，超 100Gbit/s 带宽可按照 100Gbit/s 基本粒度灵活复用。综合考虑未来业务发展需求、OTN 技术可扩展性和简约性等因素，创新模式将是 OTN 技术演进优选的模式，而灵活性是 OTN 技术未来发展的趋势所在。

在弹性光网络控制方面，IETF 致力弹性光网络控制层协议的开发。从 2011 年开始，开展灵活栅格光交换控制的需求、框架、编码、信令、路由和发现等方面的标准研究。2014～2015 年已经发布了灵活栅格控制标签、架构、信令等多篇 RFC 标准，正在开展有关路由、发现等方面的标准制定工作。

弹性光网络还进一步与软件定义控制技术相结合，主要由开放网络基金会（ONF）开展相关的标准研究制定工作。目前 ONF 开放传送工作组（OTWG）初步完成软件定义传送网需求和 openflow 协议光扩展的制定工作，可以支持 L0/L1 层的控制协议，正在开展软件定义光网络架构和北向接口的制定工作。面向灵活光层交换的控制协议和北向接口尚未开展研究。

3.2.6 国内相关研究情况

国内弹性光网络的研究紧跟国际前沿，在频谱栅格化表示与分析、网络频谱资源分配及碎片整理、网络资源建模、网络动态路由等方面也取得了一定的成果。这些成果对于建设弹性光网络具有一定的指导意义。上海交通大学郑巍等人详细对比了混合速率 WDM 网络与可变带宽弹性光网络的特点及区别，首次提出将路由和频谱资源分配（RSA）问题的路径计算和频谱资源分配结合在一起的集成路由方法，建立了该问题的整数线性规划模型，并得到动态 RSA 的最优解。苏州大学沈纲祥研究组提出了一种新的频谱定义方式，即迷你间隔（mini-Grid）频谱网络。他们详细研究了频谱栅格宽度对于网络性能的影响，通过对比 ITU-T G694.1 中定义的各类频谱栅格宽度，自己设定的 3GHz 以及 gridless 的弹性网络，发现频谱栅格宽度下降到 3GHz 后继续减小栅格宽度对于提升网络性能几乎没有帮助。这项研究对于指导弹性光网络的栅格设计具有重要意义。

北京邮电大学赵永利团队研究了弹性光网络中的频谱资源分配及碎片化频谱资源整理等问题，提出了基于频谱融合度和资源融合度的频谱资源分配和碎片整理算法，能够降低网络阻塞率并提高网络的资源利用率。北京邮电大学黄善国研究组将弹性光网络与软件定义网络（SDN）控制技术相结合，提出了多种基于 OpenFlow 集中式控制平面的弹性光网络生存性机制，并提出了在故障发生后的并行流量迁移算法，提供了多种适用于弹性光网络的保护、恢复机制。清华大学郑小平教授团队针对大规模多域光网络存在的域内资源信息不透明问题和异构网络域间通信控制不一致问题，提出了基于域间通信控制和管理单元（ICCME）的域内集中与域间分布相结合的管控架构，如图 3-2 所示。

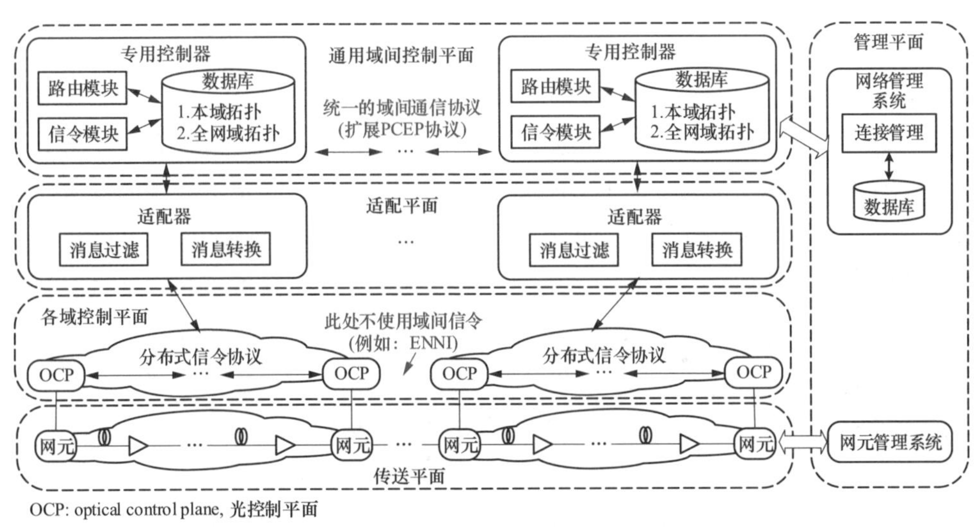

图 3-2 域内集中与域间分布相结合的管控架构

该架构在通用域间管控平面中引入统一的域间通信协议，并利用适配平面消除不同域之间的上述异构特性。该管控架构具有良好的可扩展性和灵活的动态特，基于该管控架构性实现了三家不同厂商域的异构互联。该工作同时提出了可用于大规模光网络灵活控制的通用可编程有限状态机（pFSM）模型，成功地应用于基于 ICCME 的管控架构。利用该模型，该工作搭建了支持 10000 个节点的大规模多域异构光网络动态控制实验平台，实现了不同交换粒度下的跨域业务的动态建立、拆除和重路由等功能，表明应用了 pFSM 模型的管控架构实现了不依赖于底层设备和顶层应用的可软件定义的灵活控制。

同时，中国通信标准化协会（CCSA）积极开展相关标准化工作，CCSA TC6 立项开展《灵活栅格（flexible grid）光波分复用（WDM）系统技术要求》《软件定义光传送网（SDTN）总体技术要求》行业标准研究，推动弹性光网络传送层和控制层的标准化工作。以上这些研究更多地针对弹性光网络中的一些具体实现技术，但是对于弹性光网络的多业务接入方式、业务梳理和聚合，评估指标体系等本项目中需要解决的关键性技术问题还存在较大空白，特别是针对弹性光网络承载电力系统的多样化业务研究尚属空白。

3.3 弹性光网络的技术原理

日本 NTT 公司的 M. Jinno 等人在光通信领域顶级会议 ECOC 上首次提出频谱切片弹性光网络（spectrum sliced elastic optical path networks）概念，简称 SLICE 网络。SLICE 网络的基本原理是利用 OFDM 子载波的可调节性实现频谱可调。针对不同速率业务，调整光 OFDM 的子载波数目，这样光 OFDM 的信号宽度就会因业务速率的不同而改变。在 SLICE 中，传统 WDM 的 Grid 不再成为频谱上的限制。从控制角度，将频谱进行细致的离散化，用一组在频谱上连续的频谱薄片来表示相应的实际频谱。SLICE 网络中，亚波长业务和超波长业务都可以在一个网络中传输。但需要分别建立含有不同子载波数目的 OFDM 光通道。大粒度的业务也可以通过“分割”的方式变成若干个小粒度的频谱，分别用含有较少子载波的 OFDM 光信号传输。同时，小粒度业务也可以通过“聚合”的方式变成一个大粒度业务，用一个含有较多子载波的 OFDM 光信号传输，如图 3-3 所示。需要注意的是，OFDM 信号之间必须插入一定的保护间隔，以避免不同 OFDM 信号之间的干扰。但 OFDM 信号之内子载波由于有正交性，所以可以相互重叠。

在边缘节点上，客户端通过带宽可变的 OFDM 收发机接入网络接入节点。在中间节点（没有接入客户端的节点）上，采用全光交换的思想，引入带宽可变的光选择性开关（bandwidth variable wavelength-selective-switch，BV-WSS）作为基本单元构建带宽可变的光交叉连接（BV-OXC）。各个节点之间利用光纤进行连接。普通单模光纤（single model fiber，SMF）最为常用的频谱为 C 波段，大约含有 4000GHz 的频谱宽度。由于引入了全光交换，OFDM 信号在穿越中间节点时，其光频谱需要保持不变，这种限制被定义为频谱连续性（spectrum continuity

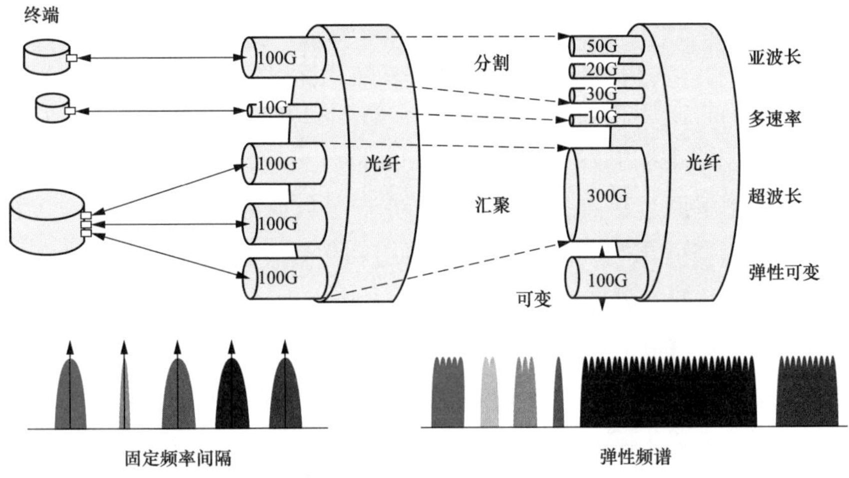

图 3-3 传统 MLR 网络与 SLICE 网络对比

constraint，SCC）约束。频谱连续性约束比传统 WDM 网络中的波长连续性约束（wavelength continuity constraint，WCC）要更为严格。这种约束在弹性频谱光网络的智能控制技术中是较为重要的约束条件。SLICE 中，网络频谱资源打破了传统 WDM 的 Grid 限制，依据业务速率实施可变的频谱资源分配，大大提高了频谱利用的效率。在实现突破 Grid 限制的同时，SLICE 网络为了兼容传统 WDM 网络，对频谱资源实施分片式的划分，即将频谱分成离散而宽度相等的若干个小片（slot）。频谱片的宽度向前兼容 ITU-T G694.1 定义的 DWDM 的栅格大小。传统 DWDM 常用的 Grid 最小为 12.5GHz，而 SLICE 频谱片采用的宽度为更小的 6.25GHz。

3.4 弹性光网络的主要技术理论

3.4.1 光正交频分复用技术

正交频分复用技术（orthogonal frequency division multiplexing，OFDM）是多载波调制（multi-carriers modulation，MCM）的一种。其核心思想是：均分高速数据流，转换成并行的低速子数据流，送入若干相互正交的子信道内进行传输。相互正交的子载波可以通过在接收端采用相关技术来分开，这样理论上来说可以消除子信道之间的相互干扰。同时，由于子信道上的信号带宽远远小于信道的相关带宽，则每个子信道上受到的影响都可以看成平坦性衰落，进而可以消除符号间干扰。另外，由于每个子信道的带宽仅仅是原信道带宽的很小一部分，系统设计者很容易对信号进行信道均衡，以更好地抵抗信道的缺陷造成的信号损伤。典型的 OFDM 系统原理反傅立叶变换（IFFT）和快速傅立叶变换（FFT）分别是发射机和接收机中的主要单元。在发射机中，输入的串行数据首先变换成许多并行子数据流，分别调制到相应的子载波上。

OFDM 调制解调过程如图 3-4 所示。并行子数据流经 IFFT 后变成了数字时域信号，然后再经并串变换，加进循环前缀和数模转化器变成实时波形，形成 OFDM 码元。组帧时通常还要加入同步序列和信道估计序列，以便于接收机进行突发检测、同步和信道估计。在接收机中，用模数转换进行采样，去掉循环前缀后，再经串并变换将串行信号变成并行子数据流经 FFT 进行解调，完成信号处理，再并串转换恢复出串行数据信号。

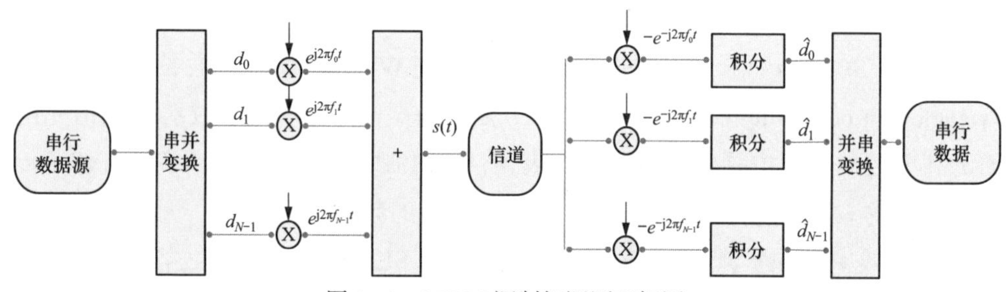

图 3-4　OFDM 调制解调原理框图

在光传输系统中，频谱宽度是由信号速率和采用的调制方式共同决定的。在传统的 WDM 光网络中，单个波长的光通道所承载的信号的速率和调制方式往往是固定的。信号中心频率之间的间隔也是固定的，如图 3-5（a）所示。按照 ITU-T G694.1 的定义，在一个网络中，其间隔也就是最大的信号频谱宽度可以为 100GHz、50GHz、25GHz 等。随着先进调制格式（advanced modulation format，AMF）、偏振模复用（polarization-division multiplexing，PDM）等新技术的发明，单波长通道的速率进一步提升。Mukherjee B. 等研究人员以此为基础，提出不同通道不同速率的光传送网，即混合速率（mixed line rate，MLR）网络成为可能。在 MLR 网络中，频率间隔保持不变，但每个信道采用的速率和调制方式可以不同。光传输信道速率的多样选择提高了网络灵活性，但依然没有突破固定的频谱间隔限制，如图 3-5（b）所示。

随着光传输技术的进一步发展，OFDM 技术被引入光网络，为光网络容量的进一步扩展开辟了新的方向，更由于其前所未有的带宽和速率灵活性，为光传送通道与业务粒度匹配开辟了新的可能。在 OFDM 中，由于各个子载波的正交性，各个子载波之间的频谱间隔被压缩，子载波频谱相互重合，因此节约了频谱资源，提高了频谱的利用效率，如图 3-5（c）所示。相比 WDM 等具有固定频谱间隔的传送系统，大幅度降低了频谱资源的浪费，更好地实现了业务粒度的灵活匹配。因此，以 OFDM 技术为基础的弹性光传送网技术逐步成为光传送网技术领域的研究热点。

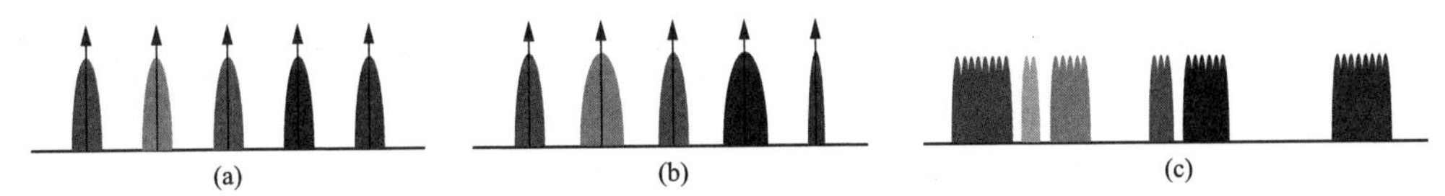

图 3-5 WDM、MLR 与 OFDM 典型频谱

（a）WDM；（b）MLR；（c）OFDM

N.E.Jolley 等人提出将 OFDM 应用于光传输领域的设想，澳大利亚墨尔本大学 W.Shieh 小组首次实现了基于相干检测的光 OFDM 系统。在 ECOC 会议上，Giddings R. P. 等人进行的首个光 OFDM 的实时传输系统实验，Hillerkuss D. 等人利用全光 OFDM 技术实现单光纤超级通道 26Tbit/s 更刷新了网络传输速率的最高纪录。以光 OFDM 为代表的新型光传输技术的不断发展和逐步成熟，面对分组业务的多样性和不同粒度，已经可以建立速率灵活、频谱弹性的新型光传输通道，在满足网络大容量传输的同时，实现分组业务的粒度适配和弹性带宽传送，新型弹性频谱光传输为推动光传送网向弹性频谱、更大容量和更高智能化和灵活性方向发展奠定了物理层基础。

3.4.2 灵活发射和接收技术

不断提高频谱效率一直是大容量光传输技术发展的主要目标，但是频谱效率和传输距离是一对很难调和的矛盾，现实系统必须实现两者时间的平衡。与此同时，目前传输网上实际承载的业务多种多样，每个业务和电路实际需要的传输距离也大小不一，即使对于传输距离要求非常短的电路，现有的固定调制格式的设备也只能采用和长距离电路相同的调制方式，浪费了宝贵的频谱资源。采用灵活调制技术以后，设备能根据距离要求自动选择最佳的调制格式，达到频谱效率和传输距离的最佳匹配。

弹性光网络的概念和思路可以应用到采用灵活调制技术的光传送网络架构，其底层的物理参数将决定不同调制技术的可行性。传送网络架构应提供多层交换功能（电层和光层），允许根据应用层业务和性能要求来进行网络的重新配置。交换的粒度可能是帧，也可能是 TDM 业务，或者是光层的波长信号。波长调度通常由 ROADM 来完成，目前功能最完全的结构是无色、无向、无争用（colorless，directionless and contention-less，CDC）的光网络结构。CDC 可以提供网络灵活配置和端到端业务调度的能力。传统的光收发器选用的光学元器件具有固定的性能，在新一代的相干光收发器中引入了 DSP 数字信号处理技术，可以设计出灵活的硬件功能，通过软件的控制和配置，可以在不同性能参数（传送距离、比特率和频谱效率等）之间取得平衡。图 3-6 表示了这样的设备理念，通过软件的配置来得到期待的性能和功能。

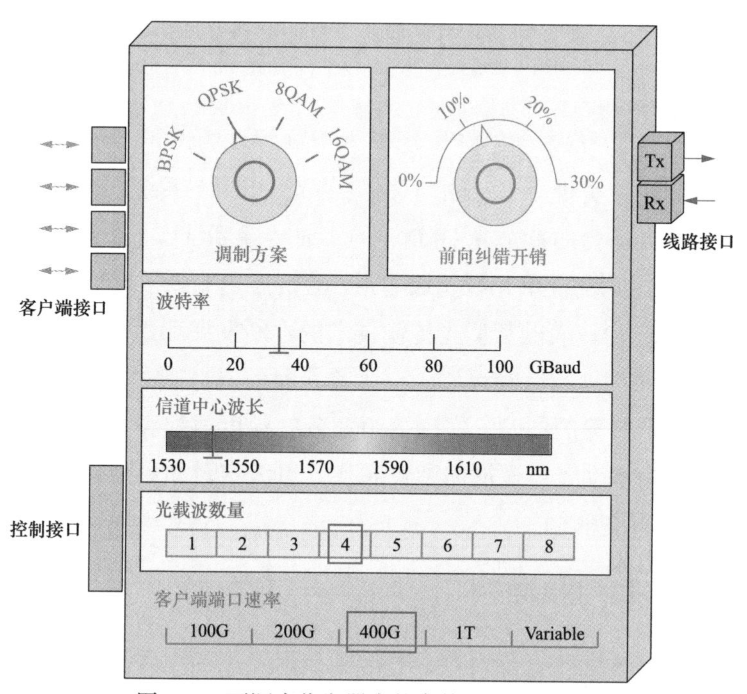

图 3-6　可调光收发器中的参数可以灵活配置

图 3-6 中参数可以通过软件来进行灵活配置，比如线路调制格式（QPSK、BPSK、8QAM、16QAM、64QAM 等）、前向纠错编码（编码开销 7%、13%、20%、25% 等）、采样率、子载波数都可以通过软件控制进行变化以达到所需要的性能。比如，选择 16QAM 线路调制码型而不是 QPSK，将使线路速率提升一倍，但同时也降低了非电再生的传送距离。为了达到超过 100Gbit/s 的信号速率（比如 400Gbit/s 甚至 1Tbit/s）和高频谱效率，可以通过调制码型、子载波数和采样速率的不同组合来达到相应的传送距离。当多个光子载波被打包在一起，并被作为一个群组来交换，就形成了超级通道。相应地，传统 50GHz 固定频谱分配不再适合

超级通道的应用，需要通过灵活的频谱分配。采样速率和 FEC 开销可以决定超级通道的带宽。可以有几种操作模式，主要取决于哪个参数是固定不变的。比如说，针对固定的频谱宽度，线路比特速率可以变化以优化传送的距离。或者说，针对固定的线路速率，频谱宽度可以增大（增加波特率降低调制阶数）以满足传送距离的要求。这些决定光学性能的参数，可以通过 SDN 控制器的控制来满足不同应用的需要，最大化地利用网络资源。

发射机和接收机的可灵活配置允许网络基于业务的需要进行配置，此时每个波长的调制方式与业务的源或宿端站联系在一起。这样的灵活网络架构让收发机的资源不再固定地被两个端点占据和使用，而是根据网络的需要动态地共享。这些物理参数的可配置要归功于相干光收发技术，特别是数字信号处理 DSP 技术，使得在任何采样速率、任何线路码型进行灵活调制成为可能。另外，在发送端和接收端的 DSP 也可以用来平衡收发之间的物理限制。由于带宽限制所导致的采样信号之间串扰 ISI，由于在频分复用 / 波分复用系统存在相邻通道所导致的载波之间的串扰 ICI，这两个就是与光收发机相关的物理限制。另外一个重要的方面就是传输链路中固有的光学效应的存在限制了传输的性能，比如 ASE 噪声、后向散射、色散 CD、偏振模色散 PMD，以及它们与光纤传送中非线性效应的交互作用。线性效应，比如 CD、PMD 可以由接收端 DSP 完全补偿，但是它们与非线性效应的交互作用在硬件资源的限制下只能得到部分的补偿。

关于灵活调制光收发机非常重要的一个方面就是在弹性光网络架构中与传送网络层的接口。一方面，弹性光网络通过解耦传送层和控制层来提供网络的可配置功能，在传送层面，基于 WSS 技术的 ROADM 是关键的单元，它在光域直接调度信号。在 SDN 架构下的 ROADM 端到端全程操作能优化光信噪比 OSNR，允许更高的网络容量，更长的传送距离以及平坦的光谱特性便于操作。事实上，相对于单个网元的本地优化，弹性光网络激活状态下的全程算法可能提供端到端性能的优化提高。另一方面，基于 ITU-T G.694.1 的灵活栅格频谱分配，也是应对不断增长的业务需要的可行解决方案，具体分析见下面灵活栅格技术。

3.4.3 灵活栅格光交换弹性技术

灵活栅格的光交换弹性技术的核心是由带宽可变波长选择开关 WSS 组成的带宽可变光交叉连接器。带宽可变光交叉连接器用在网络核心节点处，为了支持端到端的交叉连接，光路上的每一个带宽可变光交叉连接器应该分配一个与光频谱带宽相适宜的交叉节点。因此，它需要根据接收到的光信号的光频谱带宽灵活的配置它的键控窗口。当业务请求带宽增加时，转发器提高线路容量，同时光交叉连接器扩大其键控窗口，提高光路上的带宽大小。

典型的带宽可变光交叉连接器结构如图 3-7 所示，主要是由复用 / 解复用器件、光核心交换（optical core switching，OCS）和光电光转换器件组成。波长交换是基于三个步骤：首先，将输入信号解复用成若干个光信道，每一个信道就是一个波长；然后使用一个交叉连接矩阵将每一个输入波长交换到相应的目的端口中；最后，在输出端重新进行复用，并将复用后的信号输出到光纤中继续传输。OCS 是带宽可变光交叉连接器核心部件，一般是基于电交换结构的，因此，在 OCS 的输入端口和输出端口分别需要光 / 电转换和电 / 光转换。此外，OCS 必须为每一个波长提供一个输入输出端口。OCS 的端口数量是由系统中复用的波长数量决定的。一个典型的带宽可变光交叉连接器节点的成本是非常高的，这是由复用 / 解复用光器件的成本、OCS 每端口的成本等因素造成的。

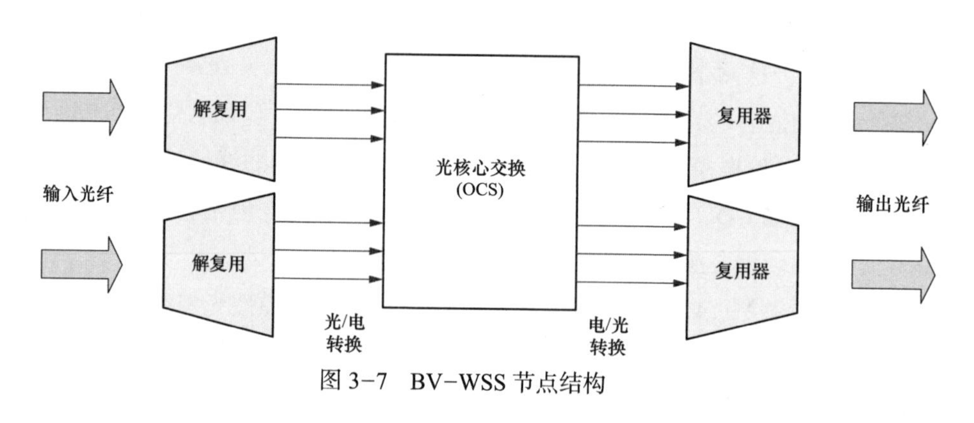

图 3-7　BV-WSS 节点结构

WSS 集成了波长复用 / 解复用以及波长交叉连接功能，可以在光域内对复用的信号进行波长交换；波长可调的滤波器可以从复用的波长中分离出承载本地业务的一个或若干个波长，或将本地业务调制到信号中的一个或若干个波长内。经过了光集成的光交叉连接器的内部处理后，加入 / 分离了本地业务的新信号将从信号输出端口输出到光纤线路上继续传输。从线路上挑选出的本地信号就从本地业务分离端口输出。节点结构中 WSS 实现的功能如图 3-8（a）所示，通过配置 WSS，可以将输入的信号进行任意的带宽切割，并路由到各个端口中输出，从而实现带宽可变的转换。总的来说，WSS 的作用就是对波长进行复用和解复用以及转换功能。

WSS 主要有两种实现方法。

（1）液晶硅（LCOS）基础上的 BV-WSS。液晶硅基础上的带宽可变 WSS 是一种包括液晶和半导体技术融合去创造高分辨率固态工具。LCOS 部分被用来控制每一个像素产生一个可编程光栅和射束偏转。信道带宽可以通过选择不同数量的像素达到软件可控的目的。

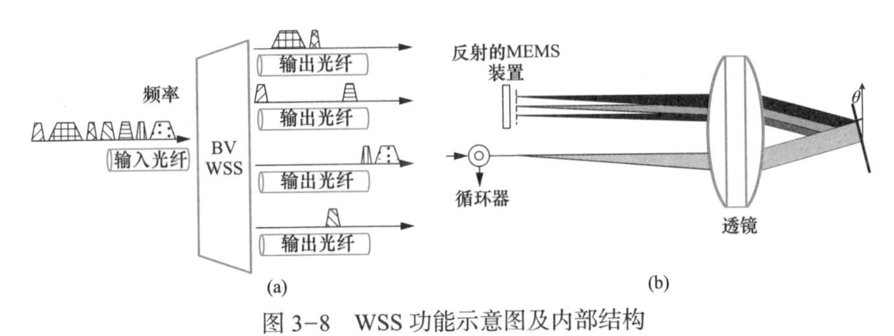

图 3-8 WSS 功能示意图及内部结构

（a）BV-WSS 功能示意图；（b）间隔灵活的波长闭塞式滤波器结构示意图

（2）基于自由空间光学和微电子机械系统（MEMS）基础上的 BV-WSS。一个以微电力学系统为基础的比特率间隔灵活的波长闭塞式滤波器被提出。这种闭塞式滤波器以灵活空间衍射光栅为基础结合了单斜率 MEMS 的线性数组。如图 3-8（b）所示，多个连续的 13.2GHz 粒度可以被结合形成一个更宽的通频带，允许可变的光谱带宽和可变的信道位置选择。

3.4.4 OTN 电层弹性及带宽调整技术

OTN 在电层提供了类似于 SDH 的帧格式 OTU*k*，以提供丰富的开销支持强大的维护管理能力，主要由帧对齐开销、OTU*k* 层开销、ODU*k* 层开销和 OPU*k* 开销组成。OTU*k* 采用固定长度的帧结构，且不随客户信号速率而变化，而实际承载客户业务的 ODU*k* 通道支持多种带宽容器，其中适用分组化的 GFP-F 映射客户信号的 ODUflex 容器为可配置速率。ODUflex（GFP）的无损带宽调整是一种在 OTN 网络中动态增加或减少端到端路径上 ODUflex（GFP 封装）所承载的客户信号的带宽而不影响业务的方法。它在很多方面都和 SDH 中的 VCAT/LCAS 技术类似，但是和 VCAT 不同的是 VCAT 的端到端容器里面的每个 ODU*k* 信号可以是相互独立的，而 ODUflex 信号中的每个时隙都经过相同的端到端的路径。

ODUflex（GFP）的无损带宽调整与 VCAT/LCAS 相比较有一个优点，由于所有承载 ODUflex（GFP）的时隙在从 OTN 网络的源端到目的端的路径上保持相同的路径，因此 ODUflex（GFP）接收端无需补偿每个时隙在时延上的不一致，并且 ODUflex 是一个单独的管理实体，而 VCAT 组中每个成员都是一个独立的管理实体。和 VCAT/LCAS 中带宽的调整仅仅需要首端和尾端两个网元参与不同，ODUflex（GFP）的无损带宽调整需要整个路径上所有的网元参与配合。在 ODUflex（GFP）到数据报文的适配功能块和高阶 ODU*k* 到低阶 ODU*k* 适配功能块中，ODUflex（GFP）无损带宽调整为上层的应用提供了一种无损的带宽增加或者减少的方法。为了实现这种带宽调整，整个路径上的所有节点都必须支持带宽调整协议，并且整个路径上所有节点同时调整 ODUflex（GFP）的带宽来避免缓冲区的上溢出或者下溢出。

对于一个需要调整带宽的 ODUflex（GFP），其所占用的时隙数量在服务层的端到端路径上始终保持相同。并且在带宽调整（增加或者减少）的时候，整个路径上的每段链路都增加或减少相同数量的时隙（并且至少增加或减少一个时隙）。ODUflex（GFP）的速率如图 3-9 所示，其中 *n* 表示需要调整速率的 ODUflex（GFP）占用的时隙的数量。带宽灵调整可以将此 ODUflex（GFP）的带宽从占用 *n* 个时隙调整的一个服务层带宽支持的其他值。ODUflex（GFP）链路和矩阵连接本身的建立或者删除需要通过网管或者控制平面来完成。

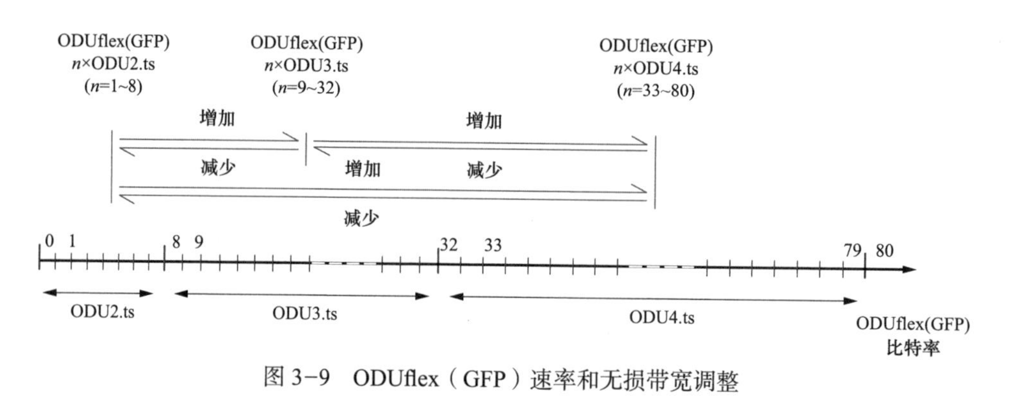

图 3-9　ODUflex（GFP）速率和无损带宽调整

3.4.5　弹性光网络管控技术

为了应对云计算业务、云存储业务、移动互联网业务的高速发展，光传送网必须朝着大容量、动态化、智能化方向发展。业务的动态实时性需求给弹性光网络的管控机制提出了新的要求，需要从网络的管理与控制架构（以下简称管控架构）着手，综合解决光网络中弹性资源管控的种种问题。目前，国际标准化组织、学术界和产业界提出了一些适应于动态弹性光网络的管控架构。三种常见的管控架构分别是集中式管控架构、分布式管控架构和层叠式管控架构。

3.4.5.1 集中式管控架构

集中式控管架构的设计思想是让集中控制器通过统一的北向接口连接各个域内管控平面，从而实现对全网的控制和管理，其结构如图 3-10 所示。在这种管控架构中，集中控制器知晓全网资源信息，它负责路径计算、波长分配、资源管理和网络操作等。为了建立一条跨域连接，集中控制器首先根据连接请求携带的约束条件以及全网最新的资源信息，计算出一条全局最优路径。然后，集中控制器下发配置指令给该路径经过的所有网元，该过程可能需要人工参与。常见的北向接口有：基于通用对象请求代理体系结构（CORBA）的 Q 接口以及基于简单网络管理协议（SNMP）的 Q 接口。

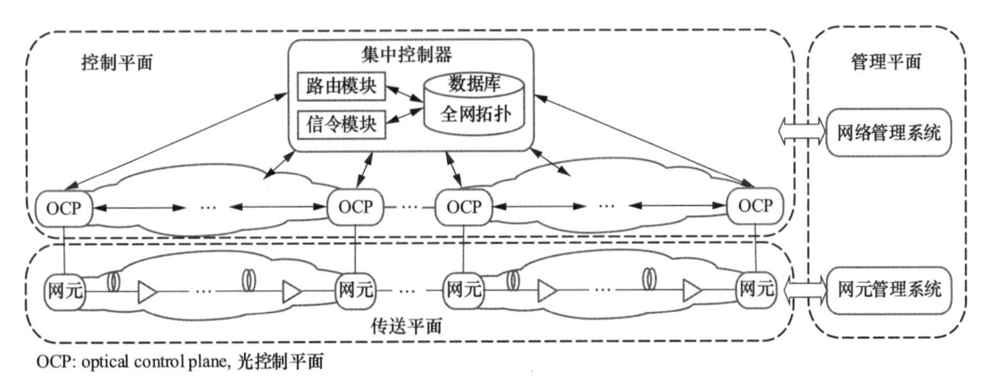

图 3-10 集中式管控架构示意图

集中式管控架构的优势有：① 在实现大规模光网络异构互联时拥有实现技术简单，不需要进行额外的遇见信息交互；② 在对现有的异构光网络进行互联互通时对网络自身产生影响很小的优势；③ 采用集中式控管架构可以实现跨域路径计算的最大优化，达到充分利用光网络的传输资源的目的。

集中式控管架构在实际的研究和部署中仍然存在许多问题。静态路径计算和人工配置网元的方式使得跨域连接建立过程耗时较长，特别是当网络发生故障时难以实现快速恢复，无法满足业务实时性要求。其次，集中控制器存储着全网所有域的拓扑信息，这不仅违背了多域光网络的域内信息私密性要求，同时由于需要向集中控制器同步全网信息，集中控制器的负担较重，该管控架构存在可扩展性问题。此外，在异构光网络中，由于各域管控平面的私有接口和信令协议不同，一方面造成北向接口的开发难度大，另一方面为了兼容所有域的接口和协议，集中控制器的内部结构也将非常复杂。当各域管控平面更新接口或协议后，集中控制器不得不升级改造来适应新的接口或协议。这种方式不利于网络的平滑升级。

因此，集中式管控架构仅适用于小规模的静态网络，一般不适用于在大规模多域异构网络中提供快速的跨域连接建立和恢复等功能。

3.4.5.2 分布式管控架构

分布式管控架构的设计思想是通过对各域的管控平面进行两两适配，在各域之间定义相同的域间路由协议和域间信令协议，从而实现异构网络的互联互通。基于通用标签交换协议（GMPLS）和外部网络－网络接口（E-NNI）的自动交换光网络常常被认为是典型的分布式管控架构，如图 3-11 所示。

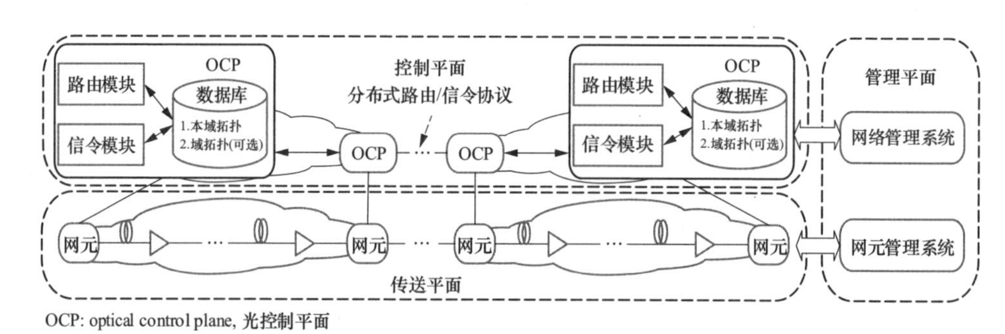

图 3-11 分布式管控架构示意图

分布式管控架构采用域间两两适配的方式有利于网络横向扩展，采用域内拓扑抽象的方式有利于降低域间交互的信息量。然而，现行的 E-NNI 机制仍然存在一定的问题。在标准划分方面，E-NNI 协议目前并不完善，在分层架构，恢复机制和自动发现等部分标准尚在修订中。由于引入了拓扑抽象，E-NNI 相比于集中式管控架构不能保证链路的路径计算结构达到最优，降低了网络的使用率以及域间信息隔离的程度。在产业化方面，由于不同厂商开发的域内私有信令协议不同，对 E-NNI 的支持在协议版本和技术参数设置上存在差异，因此在异构网络涉及多厂商，多设备的条件下很难定义一个满足异构光网络要求的通用的域间信令接口。即便 E-NNI 方案能够解决现有的异构互联问题，也不能保证当新的网络或新的技术出现时，E-NNI 方案仍然能够解决这些问题。

3.4.5.3 层叠式管控架构

层叠式管控架构融合了集中式管控架构自上而下的管控方式以及分布式管控架构横向适配的管控方式，形成了一种“横纵交错”的管控方式，如图 3-12 所示。

在层叠式管控架构中，多个控制器部署成树状式层叠结构，高层控制器（即父控制器）根据抽象后的全网拓扑信息来计算域序列，而低层控制器（即子控制器）根据本域拓扑信息来扩展路由段。这种层叠式管控架构在域序列不确定的情况下能够获取到一条较优化的端到端跨域路径。在域内资源信息能见度受限的多域光网络中，层叠式管控架构被认为是一种可行方案。

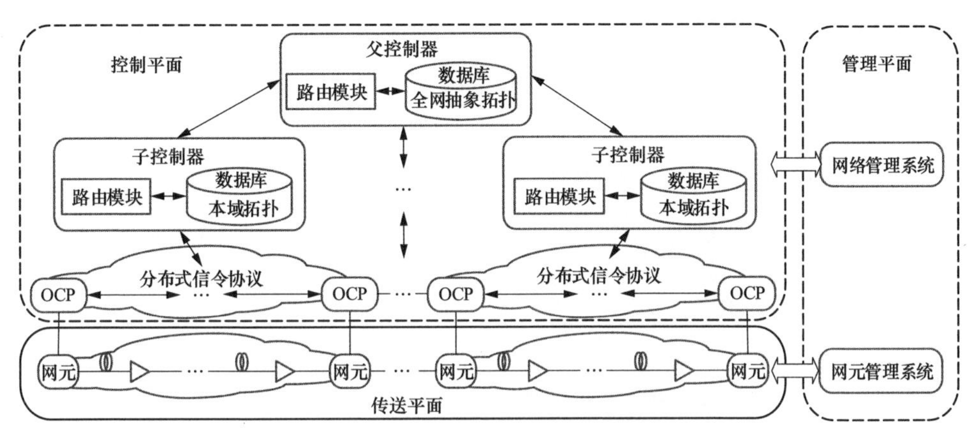

OCP: optical control plane, 光控制平面

图 3-12　层叠式管控架构示意图

4

业务需求模型与网络总体架构

4.1 业务需求模型

4.1.1 电力通信专网业务需求模型

电力通信网作为支撑电网生产、运行及企业管理经营的重要基础设施，其承载的业务类型可大致划分为：电网生产调度与管理信息化两大领域。

4.1.1.1 电网生产调度业务

电网生产调度业务是电网运行的核心，它涵盖了电网调度电话、电力系统专有业务以及调度、生产管理系统业务等关键方面。

（1）电网调度电话：作为调度员与发电厂、变电站等运行单位实时沟通的工具，确保电网操作的准确性和时效性。

（2）电力系统专有业务：包括系统继电保护、远方保护及安全自动装置等。这些业务负责传输远方保护及安全稳定控制信号，是保障电网安全稳定运行的基石。它们对传输的可靠性和时延有着极高的要求，确保在关键时刻能够迅速响应。

（3）调度、生产管理系统业务：涉及调度自动化系统、电能量计量系统、广域相量测量系统等多个方面。这些系统对数据传输的可靠性和安全性有着严格要求，以确保调度和生产管理的顺利进行。虽然它们对传输时延的要求相对较低，但仍需保证数据的准确性和完整性。

在业务承载方式上，考虑到电网控制业务对网络的可靠性和实时性的严苛要求，通常采用基于时分复用（TDM）技术的 SDH 传输网进行传送。这种传送方式通过点对点、主备两条通道互备的方式运行，极大地提升了业务的连续性和可靠性。

4.1.1.2 管理信息化业务

管理信息化业务是电网企业实现高效、科学管理的重要手段，主要分为管理服务业务和信息化业务两大类。

（1）管理服务业务：包括行政电话交换业务、电视电话会议业务、应急指挥通信业务等。这些业务是日常办公和应急指挥的关键支撑，通常基于 SDH、OTN 等技术进行承载。随着企业信息化水平的不断提升，这些管理服务业务正逐步向 IP 网络承载模式转变，以适应更加灵活、高效的管理需求。

（2）信息化业务：主要涉及人财物集约化、人资管理、财务管理、物资管理等多个方面。这些业务基于现代计算机技术、信息技术及自动化技术实现数据的采集、处理和应用，是推动企业信息化、智能化发展的关键力量。它们对传输性能、安全性和可靠性有着极高的要求，以确保企业数据的完整性和保密性。信息化业务通常承载在基于传输网的通信数据网上，为企业提供稳定、高效的数据传输服务。

4.1.2 运营商公网业务需求模型

对于公网业务，由于在大规模城市中，工作区域通常与生活区在地理分布上存在较远的距离，用户在每天周期性通勤过程中接入网络的位置是不断变化的，大量用户在工作区与生活区之间的规律性迁移行为。这驱使了城域网中流量在不同时刻分布不均并动态变化的现象，称作潮汐流量现象。

公网业务以潮汐流量业务为典型业务，其带宽需求具有时间敏感性，同时具有较强时间突发性。由于潮汐现象的存在，如图 4-1 所示，在某个工作日内，白天用户在工作区接入网络，产生大量的流量数据，同时生活区网络设备的负载压力较小；反之，在傍晚与夜间生活区的流量负载压力较大而工作区资源空闲。

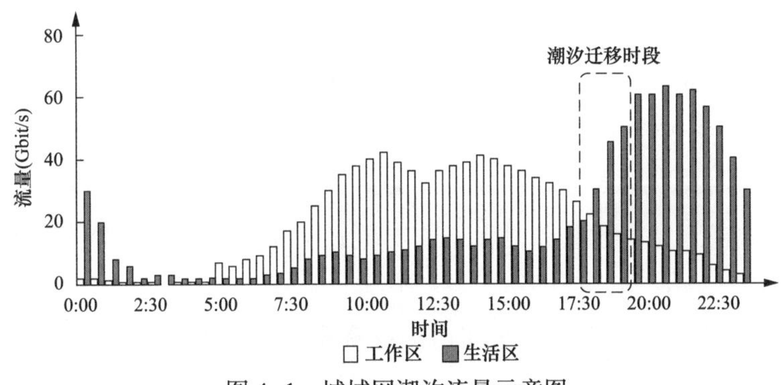

图 4-1　城域网潮汐流量示意图

除此之外，存在一个短暂的时段，在该时段内两个区域的负载变化非常陡峭。称之为潮汐迁移时段。可以将其理解为两个区域的负载发生大幅变化的开始。这里，本部分研究的是光网络的流量分布特征。基于以上描述，可以得出：① 城域光网络在不同时段产生的数据流量大小和负载压力不同；② 在不同时段，流量负载的分布情况也有较大差别，大体上工作区的流量与生活区的流量存在一个此消彼长的关系；③ 存在一个潮汐迁移时段，在该时段内工作区和生活区的负载情况都会出现大幅度的变化。总的来说，城域网流量数据是非线性、非平稳的。

对于电力专网业务，不同于公网业务，电网中的数据流传输相对稳定，时间突发性不强，且具有较强持续性，对传输可靠性要求较高。电力专网业务的带宽颗粒度大小差异较大，可进一步考虑不同大小颗粒度的电力专网混合承载。用户接入网络的地理位置的变化同时也会造成承载网络业务的光传送网的负载分布的变化。在城域网中，业务的到达受很多因素影响，如高峰期时当网络中一些区域的波长资源不足以满足新到达的业务请求时，需要对网络中的资源进行重新规划，所以需要对已分配资源的业务进行重构。

4.2 弹性光网络总体架构

当前，电力通信网的核心传输任务主要由传统的网络管理系统承担。然而，随着技术的进步和业务需求的增长，新型的弹性光网络逐渐崭露头角。这种网络将依赖弹性资源管控层来实现其高效的管理与调度。如何确保现有网络与这种新型弹性光网络之间的平滑过渡、深度兼容以及最终的融合发展，将是未来研究的重点。

如图 4-2 所示，在第一阶段对现有的厂家 EMS 系统进行改造，集成域控制器的功能。同时，综合网络管理系统也将进行升级，以支持多域控制器的集成。这将使得域控制器与多域控制器之间能够建立直接的通信接口，进而实现更加高效的信息交换与协同工作。此外，还应为多域控制器开发标准的北向接口，使其能够更好地与应用层进行交互，满足各种业务需求。

进入第二阶段，将根据实际的业务需求，逐步将网络中的关键节点替换为支持弹性光网络的设备。这些新设备不仅支持光层和电层的弹性调整，还配备了标准的南向接口，确保与传统网络设备的兼容性。这种逐步替换的策略将确保弹性光网络与传统网络在较长一段时间内能够和谐共存，并逐步实现功能的融合与提升。

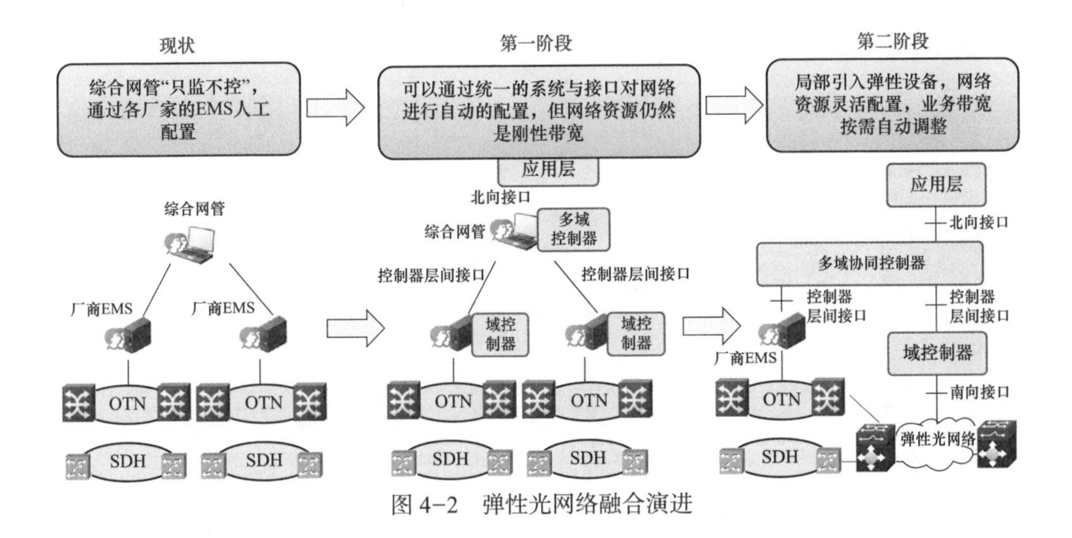

图 4-2 弹性光网络融合演进

随着弹性资源管控层的功能不断完善和强大，弹性光网络管理系统层的作用将逐渐减弱，最终实现与资源管控层的完全融合。这一演进过程将是一个长期且复杂的过程，需要持续投入精力进行技术研发和实践验证。

在此过程中，将面临诸多挑战，如技术的成熟度、升级改造的成本以及运营过程中的稳定性等。为了应对这些挑战，通过制定详细的演进计划和风险评估报告，采取逐步实施、试点验证等策略来降低风险。同时，还应积极与各方合作伙伴进行深入的交流与合作，共同推动弹性光网络技术在电力通信网中的广泛应用与发展。

4.2.1 弹性光网络功能模型

弹性光网络架构分为弹性光传送层、弹性资源管控层、弹性业务应用层和网络管理层。各层互相配合，实现面向电力通信网的弹性业务提供、弹性资源分配、网络生存性等功能，如图 4-3 所示。

4.2.1.1 弹性光传送层

作为弹性光网络中的核心组成部分，弹性光传送层扮演着实现高效业务映射、转发、保护、操作管理与维护（OAM）以及时间同步等关键功能的角色。在弹性资源管控层的精确控制下，它能够动态地适应不断变化的业务需求和网络环境。

这一层涵盖了多种先进的设备形态，包括波分复用（WDM）系统、光传送网（OTN）设备、分组传送网（PTN）平台、可重构光分插复用器（ROADM）节点以及新兴的分组光传送网（POTN）解决方案。这些设备和技术共同构成了弹性光传送层的基础架构，支持着各种带宽密集型和数据密集型应用的传输需求。

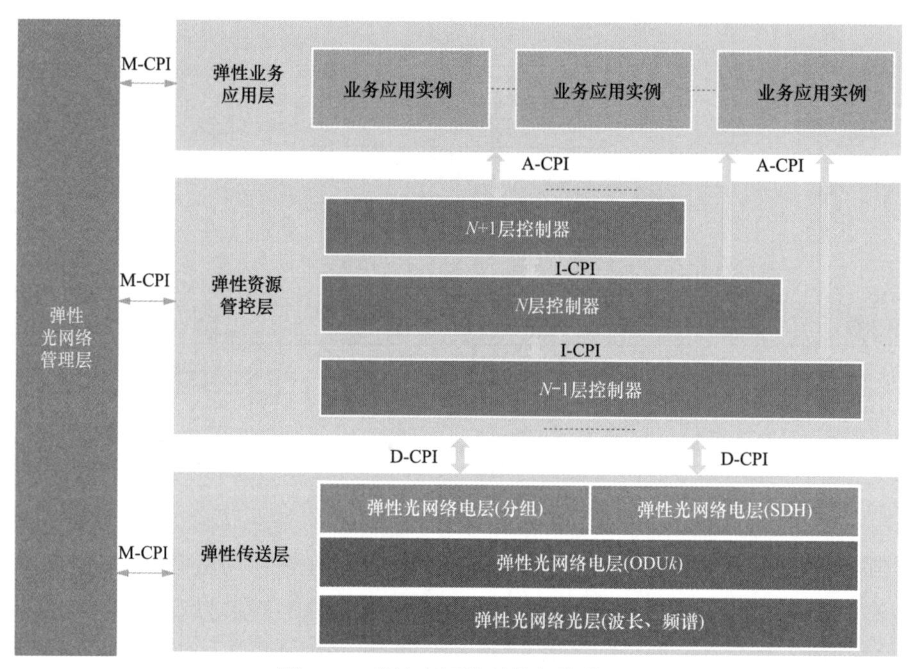

图 4-3 弹性光网络总体架构模型

弹性光网络传送层可进一步细分为电子层传送层和光子层传送层。在电子层传送层中，ODU*k*（光通道数据单元）、分组技术以及传统的同步数字体系（SDH）等多种带宽粒度构建方式被灵活运用，以匹配不同业务类型和服务等级协议（SLA）的要求。这种灵活性使得网络能够更高效地分配带宽资源，满足从低速到高速的各种传输需求。

而在光子层传送层中，光谱灵活栅格技术被广泛应用。通过采用更小的带宽粒度（如 12.5GHz 或更小），该技术能够显著提高频谱利用效率，实现更精细的波长分配和管理。这意味着网络可以同时传输更多波长的光信号，从而增加整体传输容量和灵活性。

除了上述功能外，弹性光传送层还具备自主完成部分控制功能的能力。例如，通过链路自动发现机制，它能够实时检测网络中的可用路径和资源状态，为动态路由选择和资源分配提供准确信息。同时，多种网络保护机制如 1+1 保护、环网保护等也被集成在弹性光传送层中，以确保在发生故障时能够快速切换到备用路径或恢复服务，从而保障业务的连续性和网络的可靠性。

此外，随着软件定义网络（SDN）和网络功能虚拟化（NFV）等技术的不断发展与融合应用，弹性光网络的智能化水平将进一步提升。通过集中控制和开放接口，弹性资源管控层可以实现对弹性光传送层的更精细控制和优化管理。这将有助于降低运营成本、提高资源利用率并加速新业务的部署和创新。

总之，通过分层的架构设计和智能化的控制方式，弹性光网络传送层能够更有效地应对动态变化的业务需求和网络环境挑战。它将为运营商和企业提供更高效、灵活和可靠的传输解决方案，推动光通信技术的持续发展和创新应用。

4.2.1.2　弹性资源管控层

弹性资源管控层是网络架构中的关键组成部分，它负责管理和优化网络中的弹性资源，以满足不断变化的业务需求。这一层级的设计和实施对于确保网络的高效性、灵活性和可靠性至关重要。

弹性光网络资源管控层，通过网络资源抽象功能和南向传送控制接口（D-CPI）对不同类型的传送网元设备进行管理，融合各类传送资源形成统一的视图，构建网络资源池，同时为上层业务应用提供标准开放的网络接口和服务平台。为满足弹性光网络异构传送技术协同管控和多域网络管控互通扩展需求，弹性资源管控层支持内部层次化控制器，并通过分层迭代方式构成层次化控制架构。由下层控制器分别控制不同的网络域或网络层面，并通过更高层次的控制器负责域间层间协同，实现分层分域的逻辑集中控制架构。各层控制器是客户与服务层关系，各层控制器之间的接口通过控制器层间接口（I-CPI）进行交互。

在多域协同管控场景下，网络运营者根据管理、地域、厂商等各种策略将网络分为若干控制域，由域控制器分别控制不同的网络域，并通过更高层次的控制器负责域间协同，实现多个控制域的层次化集中控制架构。各域控制器通过I-CPI接口接入到多域协同控制器，从而支撑域间控制器实现全网的分级控制。需要重点研究多域协同控制器和域控制器的定位、功能划分和网络扩展方式。

在多层异构网络协同管控场景下，研究协同层控制器实现不同交换层次的传送网络（包括光层、OTN层、分组层等），以及与客户层网络（如IP层）的协同管控架构和机制，重点研究三种不同的组网场景（即不同交换层次的网络为不同的网络域，同一网络域包含多个网络层次，以及同一传送设备内部包含多个交换层次）下的异构协同控制架构方案，以及各层面控制器定位和功能划分。图4-4给出了一个多层多域协同管控架构示例。

4.2.1.3　弹性业务应用层

弹性业务应用层功能研究主要面向电力业务的应用需求，旨在提出各类业务功能要求。这些功能要求包括弹性按需带宽（BoD）业务功能和弹性虚拟光网络（VON）业务功能等。

首先，弹性按需带宽业务功能应支持业务的快速建立、参数调整以及业务删

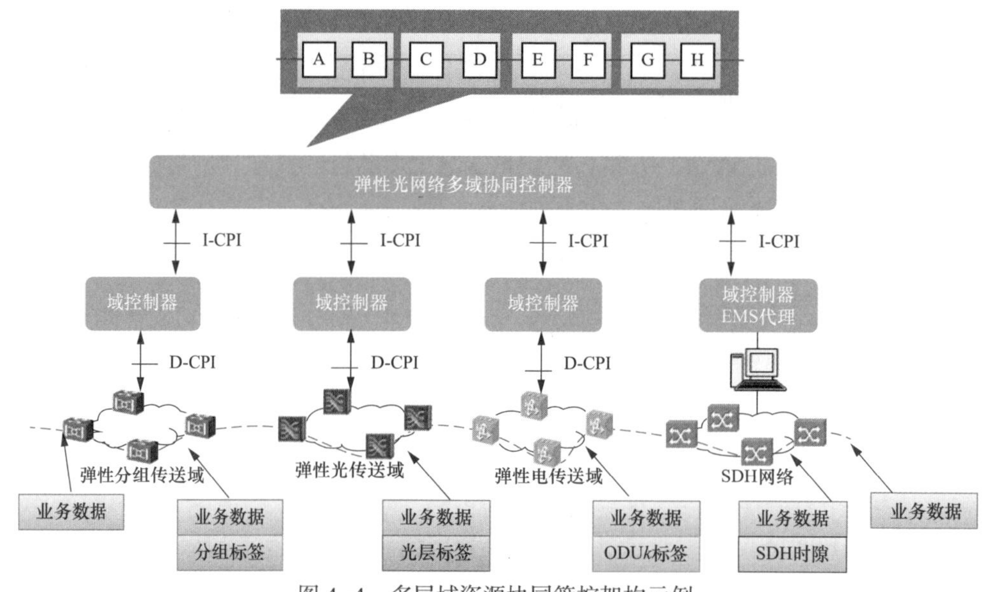

图 4-4　多层域资源协同管控架构示例

除。具体来说，这一功能应允许用户根据实际需求灵活地建立带宽业务，调整业务参数（如带宽大小、业务等级、路由约束等），以及在不再需要时便捷地删除业务。这些操作应能够高效、准确地完成，以满足用户对带宽资源的弹性需求。

其次，弹性虚拟光网络业务功能应支持虚拟网络的创建、参数调整和删除。这意味着用户应能够根据自己的网络需求和服务等级协议（SLA）要求，创建相应的虚拟光网络，调整网络参数（如接入点、用户、流量矩阵、节点信息、链路等），以及在需要时删除虚拟网络。这一功能将为用户提供更加灵活、高效的网络资源利用方式，有助于提升电力业务的整体性能和效率。

4.2.1.4　弹性网络管理层

弹性网络管理层实现对弹性光传送层、弹性资源管控层、应用平面进行管理，实现配置、性能、告警、计费等功能。部分传统网络管理功能（如拓扑收集、连接控制等）可直接通过控制层和应用层来执行，但仍需要管理平面执行一些特定的管理功能。弹性传送层管理功能包括传送设备初始化设置和传送资源管控范围的分配，弹性资源管控层管理包括支持控制器配置、业务应用的控制范围和策略，以及监视控制层性能等，弹性业务应用层管理包括业务等级协议的配置等。此外，管理功能还包括各层面的安全策略配置、设备资源管理、软件升级、故障隔离、性能优化等。

4.2.2 弹性光网络多层交互流程

弹性光网络各层面交互流程具体包括跨层域的资源发现，端到端业务连接发放、调整和删除，端到端保护恢复等。图 4-5 给出了一个端到端业务请求场景下各层面交互流程的示例。

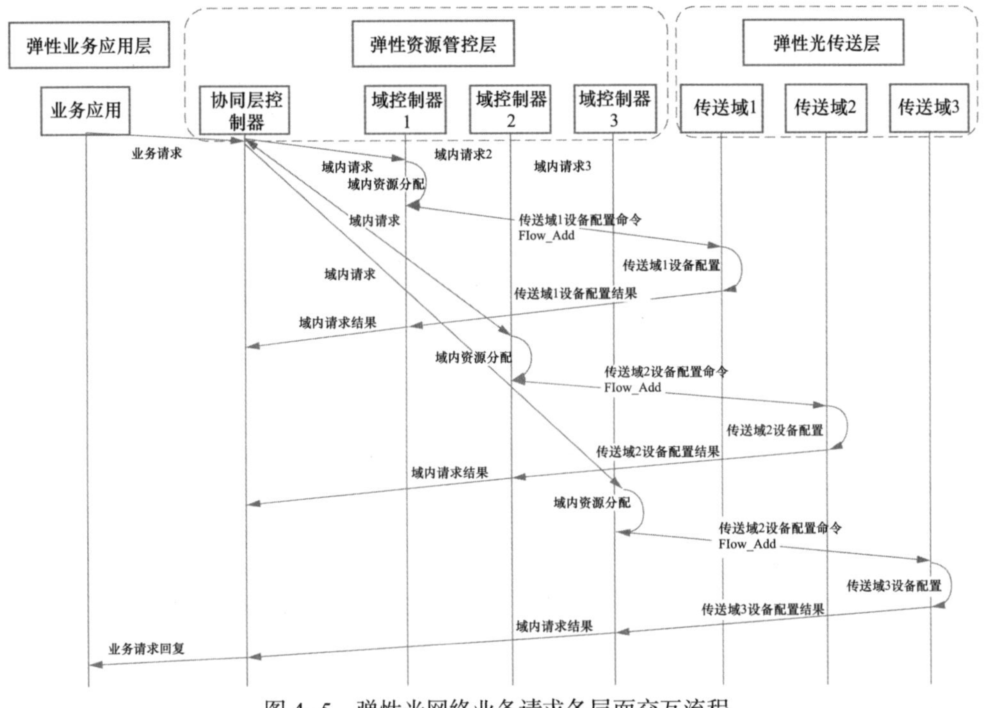

图 4-5 弹性光网络业务请求各层面交互流程

4.2.2.1 应用控制层接口（A-CPI）交互流程

应用控制器层间接口（A-CPI）有效地将服务使用者与服务提供者系统解耦，使应用平面和弹性资源管控层能够独立运作。这样，弹性资源管控层就成为一个通用的网络服务提供平台，能够为多种网络应用提供服务。应用与控制器的开发和操作相互独立，降低了对开发者和操作者的专业知识要求。A-CPI 交互主要发生在用户（服务请求系统）与弹性资源管控层（服务实现系统）之间，具体交互流程为：

（1）用户通过 A-CPI 向控制层发出服务请求。

（2）控制层根据当前资源状况，为用户提供可行的实现方式及对应价格供其选择。

（3）若用户选择了某种实现方式，则与控制层达成协议，交互流程结束。

（4）若用户拒绝了所有提供的实现方式，则交互流程同样结束，未达成协议。

4.2.2.2 控制器层间接口（I-CPI）交互流程

控制器层间接口（I-CPI）支持多域和多层控制器架构，实现多层多域弹性光网络的协同控制。具体交互流程为：

（1）用户通过 A-CPI 将业务请求发送至协同层控制器。协同层控制器对请求进行分解后，同时向各域控制器发送相应的域内请求。

（2）各域控制器在收到请求后，根据域内网络资源状况进行资源分配。完成资源分配计算后，将资源配置命令（例如 OpenFlow 协议中的 Flow_Mod 消息）下发至相应的传送设备。这些设备随后根据接收到的配置命令对域内的传送设备进行配置，并将配置结果返回给域控制器。

（3）协同层控制器在收集到所有域控制器的响应后，将最终的业务请求处理结果返回给用户。

4.2.2.3 传送控制层接口（D-CPI）交互流程

传送控制层接口（D-CPI）负责域控制器与传送设备之间的交互。具体流程为：

（1）域控制器通过 D-CPI 向传送设备发送控制请求。

（2）传送设备根据当前资源状况决定执行或拒绝该请求，并向控制器反馈执行结果。至此，一次交互流程结束。

（3）在特定情况下，传送设备还可以主动向控制器发送流表请求或状态变更通知，以实现更灵活的网络控制。

4.2.3 弹性光网络信息同步方法

弹性光网络凭借其动态可变的调制技术，能够根据业务需求高效地分配频谱带宽，从而显著提升网络资源的利用率。然而，在混合栅格光网络的复杂环境中，信息量的激增对网络性能构成了严峻挑战。为了确保网络的高效运行，必须全面掌握网络中的详细信息，包括节点状态、链路资源利用情况以及物理损伤等。

在集中式信息同步方案中，网络节点被划分为集中资源管理（centralized resource management，CRM）节点和普通节点两类，如图 4-6 所示。CRM 节点作为每个域的信息中心，负责维护和管理整个域的节点信息和资源信息。这些信息被实时更新并存储在流量工程数据库（traffic engineering database，TED）中，以确保网络状态的准确性。同时，CRM 节点还接收并处理来自损伤监测评估模块的

损伤信息，以便在路径选择和资源分配时做出最佳决策。

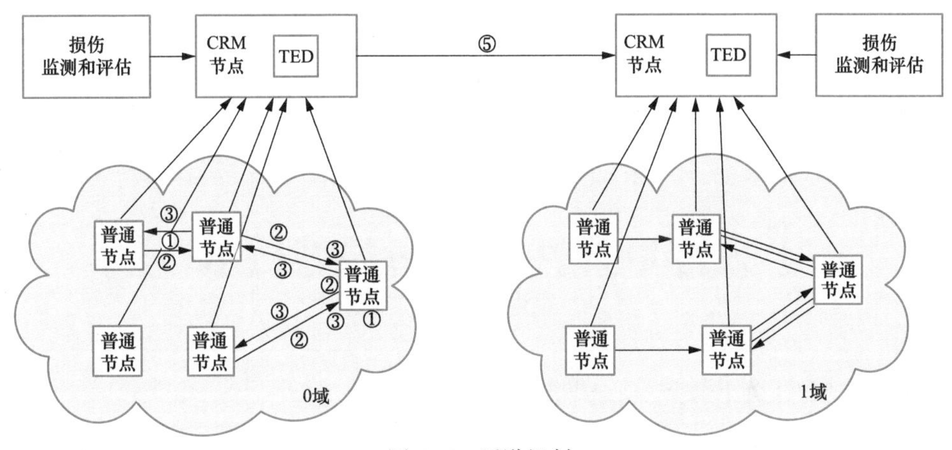

图 4-6　泛洪机制

①—生成节点相关的 LSAs；②—泛洪节点相关的 LSAs；③—接收节点相关的 LSAs；④—路由协议；⑤—PCEP 协议：更新资源相关的信息（频谱信息、链路损伤信息）

当网络中有业务建立请求到达时，CRM 节点会根据 TED 中的信息为业务选择最佳路径，并为其分配合适的频谱资源和调制格式。通过集中式的路由资源分配方式，可以确保全局最优的决策，并减少信息泛洪和信令处理的负担。一旦资源预留成功，CRM 节点会及时更新 TED 中的信息，以反映网络的最新状态。

与此同时，普通节点在网络中扮演着重要的角色。它们负责更新与节点相关的信息，并通过路由协议将这些信息泛洪到其他节点。这些信息包括节点 ID、邻接关系以及链路带宽资源的使用情况等。然而，在集中式信息同步方案中，普通节点的泛洪机制被优化为仅在特定情况下触发，如节点故障、新增节点或删除节点时。这种优化策略显著减少了网络中的泛洪信息量，降低了网络传输时延，并提升了网络的整体性能。

总之，集中式信息同步方案通过将网络中变化频繁的信息集中在 CRM 节点进行管理和处理，有效地降低了网络中的信息泛洪量和信令处理负担。同时，通过优化普通节点的泛洪机制，进一步提升了网络的整体性能。这种方案为弹性光网络在混合栅格环境中的高效运行提供了有力支持。

5

大容量弹性光网络关键技术

5.1 弹性光网络多层弹性控制技术

光层弹性和电层弹性是实现电力弹性光网络不可或缺的关键技术。光层弹性通过按需分配带宽，为各种业务提供了灵活高效的传输通道。电层弹性则通过设计弹性帧结构，实现了对电力业务的灵活适配和高效传输。将这两者紧密结合，可以构建出具备容量弹性的电力弹性光网络，从而更加有效地利用网络频谱资源，提升网络的整体性能和效率。

以下从光层弹性、电层弹性和容量弹性控制技术三个方面详细介绍这一技术的实现原理和应用价值。

5.1.1 光层弹性技术

弹性光网络是一种先进的网络技术，它通过光层弹性实现了可变颗粒度业务带宽的支持以及对超波长业务的传输能力。这一技术能够根据业务请求的带宽需求，灵活地将业务信息调制到连续的不同数量的 O-OFDM（正交频分复用）载波上，从而实现可变粒度的带宽传输。这种灵活性使得弹性光网络能够按需分配带宽资源，有效地提高了频谱资源的利用率。

此外，弹性光网络还采用了业务疏导技术，能够将多个业务汇聚到一起，并通过调制器将其调制到连续的若干个 O-OFDM 载波上，形成超大波长进行传输。这种超大波长实际上是由承载多个业务的连续多个 O-OFDM 载波频隙组成的，而这些业务之间不需要额外的保护带宽。值得一提的是，O-OFDM 载波允许频谱有 1/2 的重叠，这进一步减少了业务之间的保护带宽需求，从而显著提高了频谱利用率。

总的来说，弹性光网络通过其独特的光层弹性和业务疏导技术，不仅实现了对可变颗粒度业务带宽的支持，还能够高效地传输超波长业务。这些特性使得弹性光网络成为一种极具吸引力的网络技术，有望在未来得到更广泛的应用和推广。弹性光网络光层弹性带宽分配方案相比于传统 WDM 网络带宽分配的特点如图 5-1 所示。

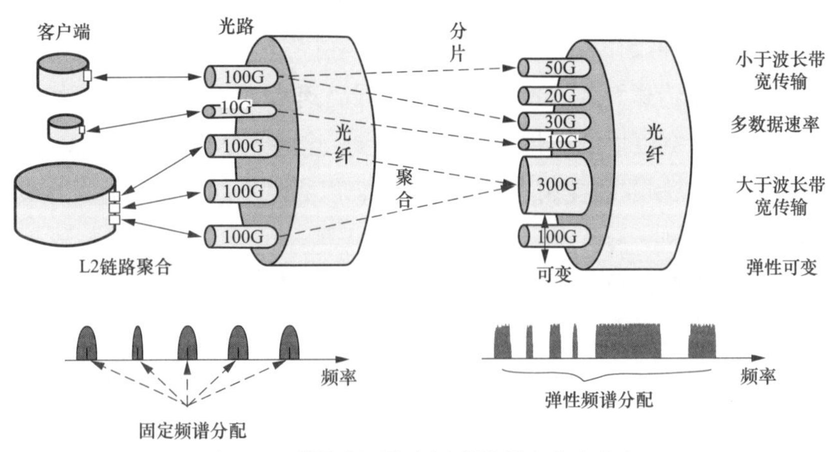

图 5-1 弹性光网络光层弹性带宽分配方案

5.1.1.1 带宽可变弹性收发机制

弹性光网络是一种采用灵活调制技术的光传送网络架构，其性能在很大程度上取决于底层的物理参数。这些参数决定了不同调制技术的可行性，从而影响到网络的整体性能。在波长调度方面，可重构光分插复用器（reconfigurable optical add drop multiplexer，发挥着关键作用，尤其是功能最完备的 CDC（无色、无方向、无竞争）结构。CDC 提供了网络灵活配置和端到端业务调度的强大能力，为弹性光网络的实现奠定了坚实基础。

在新一代的相干光收发器中，传统的固定性能光学元器件已被淘汰，取而代之的是引入了数字信号处理器（digital signal processor，DSP）技术的灵活硬件设计。这种设计使得光收发器能够在不同性能参数（如传送距离、比特率和频谱效率等）之间取得平衡，从而满足各种业务需求。通过软件的控制和配置，可调光收发器的参数可以灵活调整，包括线路调制格式（如 QPSK、BPSK、8QAM、16QAM、64QAM 等）、前向纠错编码（编码开销 7%，13%，20%，25% 等）、采样率以及子载波数等。

例如，通过选择 16QAM 线路调制码型而非 QPSK，可以使线路速率提升一倍，但同时也会降低非电再生的传送距离。为了实现超过 100Gbit/s 的信号速率（如 400Gbit/s 甚至 1Tbit/s）和高频谱效率，可以通过灵活组合调制码型、子载波数和采样速率来达到所需的传送距离。当多个光子载波被打包在一起并作为一个群组进行交换时，就形成了所谓的超级通道。这种情况下，传统的 50GHz 固定频谱分配方式已不再适用，需要采用更灵活的频谱分配策略。

采样速率和 FEC 开销是决定超级通道带宽的关键因素。根据业务需求和网络状况，可以有多种操作模式供选择。例如，在固定的频谱宽度下，可以调整线路比特速率以优化传送距离；或者在固定的线路速率下，通过增加波特率降低调制阶数来增大频谱宽度以满足传送距离的要求。这些光学性能参数可以通过 SDN（软件定义网络）控制器的控制进行动态调整，以满足不同应用的需求并最大化地利用网络资源。

发送机和接收机的可灵活配置使得网络能够根据业务需求进行动态配置。每个波长的调制方式与业务的源或宿端站紧密相关，这种灵活性使得收发机的资源不再被固定地占用和使用，而是可以根据网络的需要进行动态共享。这种弹性网络架构不仅提高了资源的利用率，还增强了网络的适应性和可扩展性。

相干光收发技术是实现这些物理参数可配置的关键所在，尤其是 DSP 技术的应用使得在任何采样速率和任何线路码型下进行灵活调制成为可能。此外，发送端和接收端的 DSP 还可以用于平衡收发之间的物理限制，如由带宽限制导致的采样信号之间的串扰（inter symbol inter ference，ISI）以及频分复用 / 波分复用系统中相邻通道之间的载波串扰（inter−carrier interference，ICI）。这些物理限制是影响光收发机性能的重要因素之一。

另外，传输链路中固有的光学效应也会对传输性能产生限制作用。例如放大器自发辐射噪声（amplifier spontaneousemission noise，ASE）、后向散射、色散（chromatic dispersion，CD）、偏振模色散（polarization mode dispersion，PMD）以及它们与光纤传送中的非线性效应的交互作用等都会对信号质量产生不利影响。虽然线性效应如 CD 和 PMD 可以通过接收端 DSP 进行完全补偿，但它们与非线性效应的交互作用在硬件资源受限的情况下只能得到部分补偿。因此，在设计弹性光网络时需要考虑这些光学效应的影响并采取相应的措施进行优化。

值得一提的是，在弹性光网络架构中与传送网络层的接口设计也是非常重要的一个方面。弹性光网络通过解耦传送层和控制层来提供网络的可配置功能。在传送层面，基于 WSS 技术的 ROADM 是关键单元之一，它在光域直接调度信号以实现高效的波长调度和灵活的网络配置。同时，在 SDN 架构下实现 ROADM

的端到端全程操作可以进一步优化光信噪比（OSNR），从而提高网络容量、延长传送距离并确保平坦的光谱特性便于操作和管理。此外，基于 ITU-T G.694.1 的灵活栅格频谱分配也是应对不断增长的业务需求的一种有效解决方案。通过采用这种灵活栅格技术，可以进一步提高频谱利用率和网络灵活性，满足未来光网络的发展需求。

5.1.1.2 灵活栅格的弹性交换机制

灵活栅格光交换弹性技术的核心是带宽可变波长选择开关所组成的带宽可变光交叉连接器。这种连接器在网络的核心节点处发挥着至关重要的作用，为了支持端到端的交叉连接，光路上的每一个带宽可变光交叉连接器都需要分配一个与光频谱带宽相匹配的交叉节点。因此，它能够根据接收到的光信号的光频谱带宽，灵活地调整其键控窗口的大小。当业务请求的带宽增加时，转发器会相应地提高线路容量，同时光交叉连接器也会扩大其键控窗口，从而增加光路上的带宽大小，以满足业务需求。

一个典型的带宽可变光交叉连接器主要由复用 / 解复用器件、光核心交换（optical core switching，OCS）以及光电光转换器件等部件组成。波长交换的过程基于三个主要步骤：首先，将输入信号解复用成若干个光信道，每个信道对应一个特定的波长；然后，通过一个交叉连接矩阵，将每个输入波长准确地交换到相应的目的端口中；最后，在输出端对各个波长进行重新复用，并将复用后的信号输出到光纤中，以便继续传输。

OCS 作为带宽可变光交叉连接器的核心部件，通常是基于电交换结构实现的。因此，在 OCS 的输入端口和输出端口处，分别需要进行光 / 电转换和电 / 光转换。此外，为了确保每个波长都能得到有效的处理，OCS 必须为每个波长提供一个独立的输入输出端口。因此，OCS 的端口数量直接取决于系统中复用的波长数量。由于复用 / 解复用光器件的成本以及 OCS 每端口的成本等因素的影响，一个典型的带宽可变光交叉连接器节点的成本往往非常高昂。

WSS 集成了波长复用 / 解复用以及波长交叉连接等多项功能，使得它能够在光域内对复用的信号进行灵活的波长交换。同时，波长可调的滤波器可以从复用的波长中分离出承载本地业务的一个或多个波长，或者将本地业务调制到信号中的一个或多个波长内。经过光交叉连接器的内部处理后，加入了本地业务的新信号或从信号中分离出的本地业务将从相应的端口输出，以便在光纤线路上继续传输或进行后续处理。这种灵活的处理方式使得光网络能够更好地适应各种复杂的业务需求和网络环境。

5.1.2 电层弹性技术

在现代通信网络中，客户信号可以根据其速率是否变化分为两类：固定比特速率的客户信号（constant bit rate，CBR）和可变比特速率的分组客户信号。分组客户信号的带宽需求随时间动态变化，这给网络传输带来了挑战。如果采用固定速率的ODU*k*帧结构来承载这类业务，并在排斥其他业务的情况下进行传输，将导致带宽资源的极大浪费。

为了解决这个问题，ODUflex弹性帧应运而生。ODUflex能够适应业务速率的变化，以客户信号速率为参考，将业务封装进入对应的支路时隙，然后插入到高阶ODU*k*未被占用的时隙中进行传输。这种灵活性使得ODUflex能够在TS颗粒度上根据实际需求进行调整，而其他业务则可以与ODUflex在ODU*k*中平行传输，从而实现ODU*k*带宽资源的高效利用，达到100%的利用率。

ODUflex弹性帧的结构与标称的ODU*k*结构相似，但其客户速率是由实际的客户信号速率决定的，且为基准速率的整数倍。这一特点使得同一业务的不同速率状态都能通过ODUflex封装入弹性帧，并通过通用映射规程（generic mapping procedure，GMP）方式映射到高阶ODU*k*中。例如，对于以太网业务接口，其带宽可能从3G（即3×1.25G）变化到5G（即4×1.25G）。在此情况下，ODUflex能够相应地调整其带宽，将时隙数目从3调整为4，以满足业务需求。

在早期的SDH网络中，带宽调整是通过链路容量调整方案（link capacity adjustment scheme，LCAS）来实现的。然而，LCAS协议是基于电路两端的，两端的VC业务可能需要经历不同的路径才能到达接收端。这就要求接收端为不同路径的时延提供较大的缓存空间来重新组合业务。由于对器件的高要求，LCAS协议的大规模应用受到了限制。

相比之下，ODUflex采用了无损动态调整协议——HAO协议。该协议仅要求ODUflex中的ODU时隙经过同一节点，并要求每个节点各自进行调整以完成带宽调整功能。这种协议的实现方式降低了对器件的要求，使得ODUflex能够在更广泛的网络环境中应用，并实现更高效的带宽资源管理。

5.1.3 容量弹性技术

电力通信网承载着不同类型、不同带宽需求的电力业务。在电力弹性光网络中，为了满足这些多样化的需求，采用电层弹性帧封装与光层弹性O-OFDM载波分配相结合的方式。这种双层弹性设计使得网络能够在电层和光层两个层面上高效地利用资源，从而实现电力弹性光网络大容量、高效率的传输目标。

具体来说，在电层，根据电力业务的类型和业务量大小，将数据封装成弹性数据帧。每个弹性数据帧的时隙数量不同，以适应不同电力业务的带宽需求。在光层，利用 O-OFDM 技术，根据当前网络光纤链路中频谱资源的使用情况，为这些数据帧分配相应的频谱资源。通过这种方式，可以实现频谱资源的按需分配，确保每个电力业务都能获得所需的带宽。

在电力弹性光网络中，业务的传输需要遵循频谱连续性和频谱一致性的原则。频谱连续性原则要求为每个业务分配一段连续的频谱资源，以支持 O-OFDM 调制方式下 BVT 发射机的正常工作。而频谱一致性原则则要求在每个电力业务的传输路径上，所有光纤链路使用完全一致的频谱资源。这有助于简化 BV-OXC 对不同业务信号进行路由和上下路的过程，降低器件的复杂性。

如图 5-2 所示，网络中有三个电力业务请求：节点 N1 到节点 N4、节点 N1 到节点 N3 以及节点 N3 到节点 N4。这些电力业务在电层已经完成了弹性数据帧的封装。在光层，根据它们的带宽需求分配了相应的频谱资源。例如，节点 N1 到节点 N4 的电力业务使用了三个单位的频谱（红色标记），带宽总计 37.5GHz；节点 N1 到节点 N3 的电力业务使用了八个单位的频谱（绿色标记），带宽总计 100GHz；节点 N3 到节点 N4 的电力业务使用了四个单位的频谱（蓝色标记），带宽总计 50GHz。同时，这些电力业务的传输都遵循了频谱连续性和频谱一致性的原则。

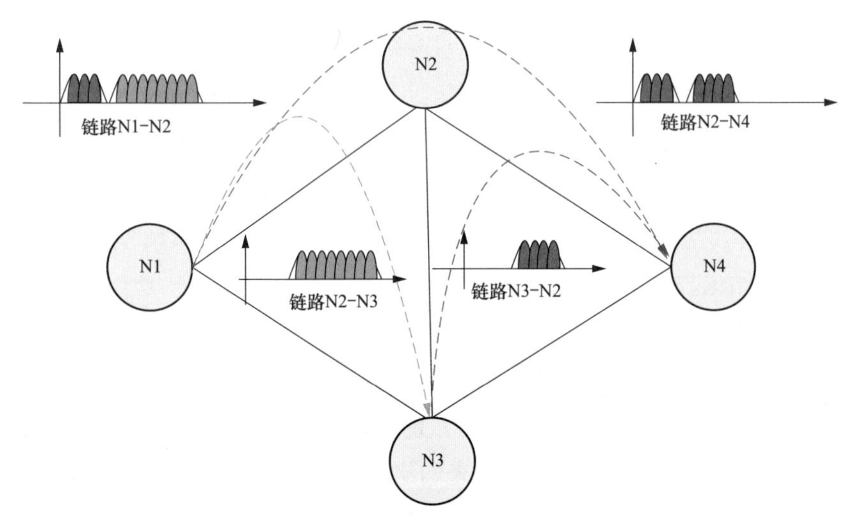

图 5-2　电力业务在弹性光网络中传输

此外，在实际应用中，还需要考虑多种电力业务同时存在的情况。在进行频谱资源分配时，必须避免光纤链路上的频谱资源冲突。当多个电力业务需要经过相同的光纤链路时，需要确保它们使用的频谱资源不重叠，并在必要时设置保护频带，以保证接收端的信号质量。如图 5-2 所示，节点 N1 到节点 N4 与节点 N1 到节点 N3 的两个电力业务请求共同经过光纤链路 N1-N2，因此这两个电力业务使用的频谱资源不能重叠，并且需要设置保护频带以防止干扰。

通过以上的设计和优化措施，电力弹性光网络能够更好地支持不同带宽需求的电力业务传输，提高资源利用率和网络效率。

5.2 弹性光网络智能路由与频谱分配技术

在网络通信中，路由资源分配问题是一个核心挑战，特别是在光网络中。这个问题的本质在于如何为给定的连接请求集合选择最佳路径，并合理地分配频谱资源，以建立高效的光路。优化光网络的性能指标，如最大化吞吐量、最小化延迟和减少资源浪费，是解决这一问题的关键。

选择合适的路由和分配频谱资源是一个复杂的组合优化问题。这意味着随着网络规模的扩大和连接请求的增加，找到最优解的计算复杂度呈指数级增长。因此，设计高效的算法和策略来解决这一问题变得至关重要。

在不同的网络状态下，路由资源分配问题呈现出不同的特点和挑战。例如，在静态网络环境中，可以利用全局信息来制定优化的资源分配计划。然而，在动态变化的网络环境中，需要实时地响应连接请求的变化，并快速地调整路由和资源分配策略。

为了应对这些挑战，研究者们提出了各种解决方案。一种常见的方法是使用启发式算法，如遗传算法、模拟退火算法和蚁群算法等，来在可接受的时间内找到近似最优解。这些方法通过模拟自然过程或生物行为来搜索解空间，并能够在多项式时间内给出较好的结果。

另一种方法是利用机器学习技术来优化路由资源分配。通过训练模型来学习网络的状态和性能之间的关系，可以预测给定连接请求下的最佳路由和资源分配策略。这种方法具有自适应性和灵活性，能够适应网络的变化并实时地做出调整。

综上所述，路由资源分配问题是光网络中的一个重要挑战。通过设计高效的算法和策略，并结合机器学习技术，可以更好地解决这一问题，提升光网络的性能和效率。

5.2.1 基于光层弹性的智能路由频谱技术

随着互联网技术的持续进步，数据处理和存储系统不断扩展，各种高速、多样化的进程广泛应用于各种场景。这种情况下，网络流量迅速增长已成为互联网发展的必然趋势。为了满足未来互联网对多样化和个性化的需求，网络组网和传输技术将朝着更加灵活和高效的方向发展。

在弹性光网络的背景下，光信号通常需要占用特定的频率范围，并且不能与其他独立的光信号共享频谱资源。然而，近年来相干检测技术的引入为光网络带来了新的可能性。通过信号重叠技术，两个独立产生且具有相同中心频率的光信号可以使用相同的频谱资源在网络中进行传输。

在光层进行数据处理时，长时间运行的网络会面临频谱资源碎片化的问题。这是因为弹性光电路业务的动态建立和拆除导致光纤链路上的可用频谱资源逐渐分散，形成一些频谱碎片。当频谱碎片化严重时，为传输业务寻找合适的路径和连续的频谱资源将变得非常困难，特别是对于带宽需求较大的信息业务。

为了解决频谱资源碎片化带来的网络路由和频谱分配问题，可以采用一种基于光层弹性的智能频谱路由方案，如图 5-3 所示。该方案通过最小化频谱碎片，提高频谱利用效率。对于无栅格频谱，可以通过合理的分割点将其离散为有限个数的栅格。在实际网络中，由于业务占用带宽的限制和相邻通道的保护边带，网络中承载的业务数量在任何时刻都是有限的。因此，可以设置有限的扫描点，新建立的业务可以占用无栅格频谱的任意频谱段，但必须与网络中已存在的业务相邻建立通道。这种频谱选择方式可以最大限度地减少网络中频谱碎片的产生，提

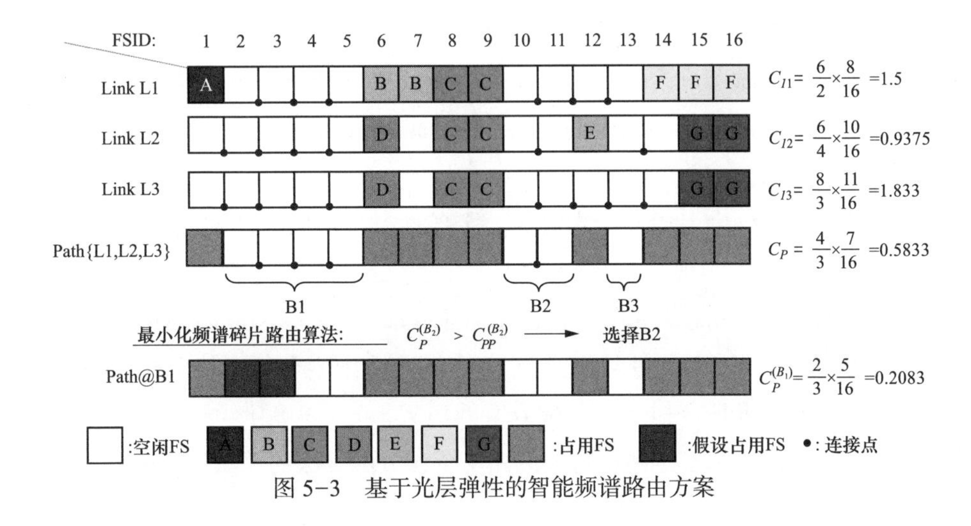

图 5-3 基于光层弹性的智能频谱路由方案

高频谱利用效率。

无论是无栅格网络还是小栅格网络，并非所有频率点都需要考虑建立新业务请求的可能性。相反，只需要关注频谱中已建立业务的频率点。通过这种方式，可以更加有效地管理和利用频谱资源，满足未来互联网对多样化和个性化的需求。同时，这种智能频谱路由方案也为弹性光网络的发展提供了新的思路和方向。

5.2.2 基于光层频谱重叠的智能路由频谱技术

在弹性光网络的背景下，光信号的传统传输方式需要占用一段专用的频率范围，且无法与其他独立的光信号共享频谱资源。然而，随着相干检测技术的引入，信号重叠技术得以实现，这一创新允许两个独立产生、具有相同中心频率的光信号在网络中共享相同的频谱资源进行传输。这种信号重叠技术不仅打破了以往频谱独占的局面，而且为弹性光网络带来了频谱共享的可能性，从而提高了频谱资源的利用效率。

然而，频谱重叠技术的引入也给网络层传输带来了新的挑战。由于物理层的约束条件发生变化，传统的路由与波长分配以及路由与频谱分配方法无法直接应用于这种新的场景。因此，研究弹性光网络下基于频谱弹性重叠的路由与频谱资源分配方法具有重要的现实意义。

基于频谱重叠的路由与频谱资源分配方法的核心思想在于两个方面：① 在选路阶段同时考虑两个请求，不仅选择最短路径，还考虑两条路径重合部分的长度。通过选择重叠尽可能多的路径进行频谱资源分配，可以减少相同路径上频谱资源的开销，从而提高资源的利用效率；② 当存在多个可行的分配方案时，建立一种基于频谱资源的评价指标，该指标综合考虑了路径的频谱资源状态和分配方案对空闲频谱资源的影响程度。通过选择频谱资源状态更优的分配方式进行连接的建立，可以更加充分地利用网络中的频谱资源，降低业务阻塞率，提升网络的整体性能。

此外，在光网络中考虑当请求满足一定条件时，可以与其他正在运行的业务共享频谱资源。为了实现这一目标，提出了一种运用在重叠路径上的衡量指标，用于评估资源分配后路径的频谱状态。该指标综合考虑了当次重叠在路径公共频谱上占用的频谱隙数量以及本次建立连接对空闲频谱资源的影响程度。通过这一指标，可以更加准确地评估不同分配方案的优劣，为实现频谱资源的高效利用提供有力支持。图 5-4 为基于频谱重叠的路由资源分配方法的算法流程图。

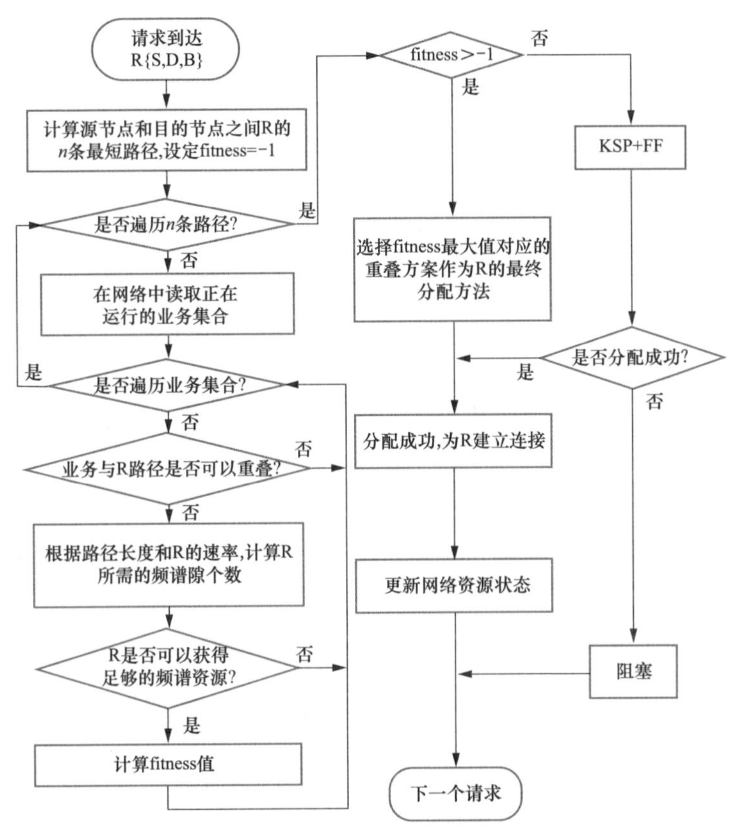

图 5-4　弹性光网络基于频谱重叠的路由资源分配方法的算法流程

5.2.2.1　路由选择阶段

当新的业务请求到达网络时，该网络中已经存在若干正在运行的业务。基于信号重叠的理论，两个业务可以不同步地、从任意的两个源节点开始，在两路径的某一中间节点重合后沿着相同路径进行传输。因此，在本专利的路由选择阶段，首先计算出新到达业务请求的源和目的点间的若干条最短路径，随后读取网络中正在运行的请求和它们的连接路径，以到达请求的最短路径为基准，寻找正在运行的请求路径是否满足上述信号重叠理论对路径的约束。为了后续建模和路由资源方法更加直观地说明，用跳数代表传输距离。

另外，当前物理层中对接收机的设置，允许同一段频谱资源被小于等于两个的请求同时利用。所以在判断路径满足重叠的约束后，还需要判断正在运行的该请求的频谱资源段是否已经被使用了两次。若检测到频谱资源段已被利用两次，即使路径满足重叠，该正在运行的业务也不可以作为与新到达业务请求相重叠的选择方案。

5.2.2.2　频谱分配阶段

在路由选择阶段找到可以重叠的路径后，将会根据路径为新到达的业务请求寻找恰当的频谱资源进行预分配和分配。首先，业务请求到达网络时会明确传输速率的大小，在此处将会根据业务请求的路由与重叠路径的长度选择合适的调制格式，为请求计算其在网络中建立连接时所需的具体频谱资源大小。频谱资源大小的计算式为

$$B_{\mathrm{m}}=\frac{s}{12.5m} \tag{5-1}$$

式中：B_{m} 为计算求得的频谱资源大小；s 为请求所明确的传输速率；m 为调制格式。B_{m} 为整数，要对式（5-1）的分式结果进行向上取整。

确定了新到达业务请求所需的频谱资源大小后，就可以开始为其在路由的各段链路上寻找并分配频谱资源。在基于重叠的条件下，将一条完整的路由拆分成源节点至重合节点、重合节点至目的节点两个部分分别讨论频谱占用的情况。

由于两个请求的路径终将在某一点汇合，限于弹性光网络中频谱资源分配的一致性和连续性，即使源节点至重合节点这段子路径上不包含频谱重叠的情况，但依旧需要考虑正在运行业务的占用资源位置对新到达业务请求的影响。首先，读取正在运行业务的频谱占用位置，在新到达请求的源—重合节点部分的公共频谱中，以正在运行业务占用频谱的起始位置为搜索起点，以正在运行业务占用频谱的结束位置为搜索终点，依次寻找公共频谱上是否存在起始位置在搜索区间，且中间连续空闲频谱隙个数等于新到达业务请求所需的频谱资源大小的频谱段。若存在这样的连续频谱段，则表明当前到达业务请求可以在路由的第一部分成功分配。记录本次搜索完成后找到的起始位置。

接下来计算重合节点到目的节点第二部分路径的频谱分配情况。在这部分路径中，正在运行业务会占用着一段频谱资源。新到达业务在此段路径上若要建立连接，会与正在运行业务占用的频谱存在交叠。此时，在第二部分路径的公共频谱上，判断从所记录的起始位置开始，能否将新到达业务请求成功重叠在正在运行的业务的频谱段上。

5.2.2.3　预分配计算路径频谱状态指标

两段子路径均判断完毕、均有足够满足条件的资源可以被使用后，表明当前到达的业务请求的路由有效，且能够建立连接。但网络中可能存在多个可以被新业务请求重叠的正在运行的业务，与不同业务重叠、建立连接后，路径频谱资源的占用情况也会不同。如果占用不当，可能会在链路中造成更多不可被有效利用

的频谱碎片，导致接下来的业务请求建立连接成功的几率降低，从而造成较高的阻塞率。因此，在正式为请求建立连接之前，将会进行一次预分配，并且基于预分配后的路径频谱资源状态，计算衡量指标 *fitness*。本方案所提出的预分配后频谱资源状态指标 *fitness* 的具体定义为

$$fitness=\frac{1}{SUC_{\mathrm{ol}}}\times\frac{\sum_{n=1}^{NSC}NS_n^2}{NSC}\times\frac{1}{Max_{\mathrm{f}}} \tag{5-2}$$

式中：SUC_{ol} 表示两个请求在重合路径的公共频谱上一共使用的频谱隙个数；NSC 表示重合路径上空闲频谱段个数；NS_n 表示第 n 个空闲频谱段所包含的频谱隙个数；Max_{f} 是考虑重叠后频谱资源的最优状态，即两个带宽均为 1 个频谱隙的业务请求重叠在整个频谱资源的起始位置，且整个频谱资源上有且仅有当前两个业务请求。式（5–2）中的第一项分母越小，说明重叠所占用的资源越少；第二项越大，则表明在预分配资源后公共频谱中依然存在的空闲频谱越完整，越不易出现零散的碎片。该评价指标在重叠路径上，从频谱隙使用个数和分配后的路径资源状态两方面进行评估，*fitness* 值越大，表明当前选择的正在运行的业务越适合被重叠。

由上可知，频谱重叠的路由资源分配方法，其核心在于对于两个请求，根据具体路径重叠情况选择合适的调制格式与重叠方式，并且在频谱分配阶段能够根据重叠路径上的资源情况计算衡量指标 fitness，选择一种最适合传输的方式建立连接。具体优点为：

（1）该方案考虑了重叠请求频谱分配后的频谱资源状况，能够选择一种分配后依然具有较好频谱状态的方案实施，为后续请求做出较充分的考虑。

（2）该方案对于光网络中的业务具有较强的适应性，可为满足重叠与不满足重叠条件的请求均建立连接。

总的来说，基于频谱重叠的路由与频谱资源分配方法为弹性光网络带来了一种新的、更加灵活的资源管理方式。它不仅能够适应不同业务的需求，还能够在保证传输质量的同时，提高网络的资源利用效率和性能。这种方法的引入，将为弹性光网络的发展和应用带来更加广阔的前景。

5.2.3 基于混合栅格的弹性光网络路由频谱分配技术

在固定栅格与灵活栅格共存的光网络，即混合栅格光网络中，频谱资源的使用粒度呈现多样性，如图 5–5 所示。这种网络结构给传统的路由与波长分

配（routing and wave length assignment，RWA）及路由与频谱分配（routing and spectrum allocation，RSA）策略带来了挑战，因为它们难以同时兼顾灵活栅格的频谱连续性和一致性约束，以及固定栅格的波长一致性约束。

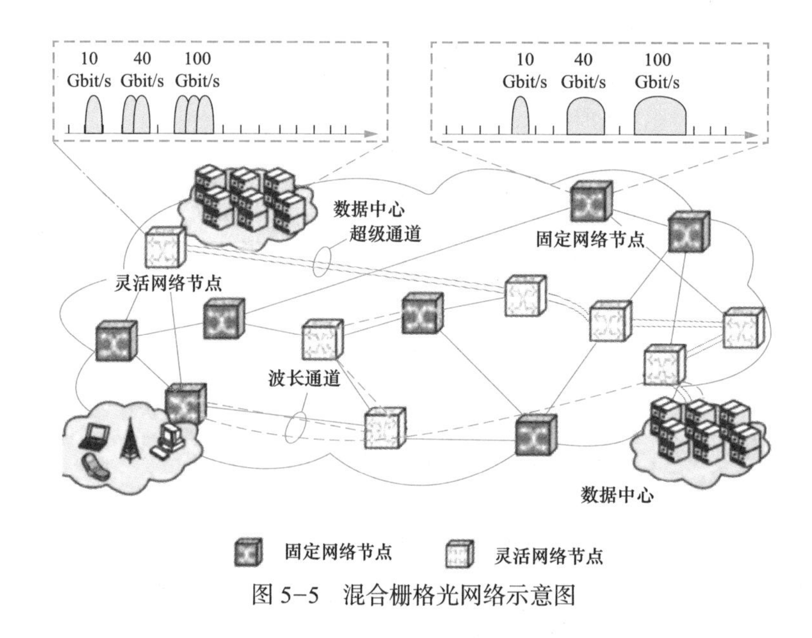

图 5-5　混合栅格光网络示意图

随着网络动态运行，业务请求的不断变化导致频谱资源在空间和时间上频繁地被分配和释放。这种随机性使得频谱资源的使用状况变得难以预测，即使初始时进行了高效的频谱规划。经过一段时间的动态处理后，可用频谱往往会呈现出一种凌乱分布的状态，形成所谓的“频谱碎片”。

频谱碎片的存在对网络性能产生了显著影响。这些碎片难以被有效利用，导致整个频谱范围内的资源利用率降低，进而增加了网络阻塞率。为了解决这个问题，需要开发新的路由和资源分配策略，这些策略应能够适应混合栅格光网络的特性，并有效地管理和利用频谱资源。

新的策略应考虑以下几个方面：首先，它们需要能够同时处理固定栅格和灵活栅格的频谱分配请求；其次，它们应具备动态调整频谱资源的能力，以适应网络负载的变化；最后，它们应能够有效地减少频谱碎片的产生，提高资源的整体利用率。通过这些改进，可以期待在混合栅格光网络中实现更高效、更可靠的数据传输服务。

5.2.3.1　基于链路成本值的混合栅格光网络路由频谱分配方法

在混合栅格光网络中，频谱紧凑度是衡量网络频谱连续性的关键指标，用于评估网络频谱的使用状况。由于混合栅格光网络中存在两种不同类型的链路起始节点，这些节点会影响后续链路的资源使用粒度，因此，在评价频谱紧凑度时，需要考虑以下两种场景。

首先，对于固定栅格起始节点，其后续链路将采用固定栅格的资源分配方式。在这种情况下，频谱紧凑度的评价应侧重于固定栅格的连续性和使用效率。可以通过计算固定栅格链路的连续空闲频谱块的大小和数量来评估其频谱紧凑度。较大的连续空闲频谱块意味着更好的频谱连续性和更高的资源使用效率。

其次，对于灵活栅格起始节点，其后续链路将采用灵活栅格的资源分配方式。在这种情况下，频谱紧凑度的评价应更加注重频谱的灵活性和碎片化程度。可以通过计算灵活栅格链路的平均频谱利用率和频谱碎片数量来评估其频谱紧凑度。较高的平均频谱利用率和较少的频谱碎片意味着更好的频谱灵活性和更低的碎片化程度。

为了更全面地评估路径的优劣，提出了一种新的路径成本评价指标，该指标综合考虑了链路频谱紧凑度和节点辐射度。通过计算路径上各链路的频谱紧凑度和节点辐射度的加权和，可以得到路径的成本值。较低的路径成本值意味着更好的频谱资源利用效率和更低的对光网络整体频谱资源的影响程度。因此，在选择建立连接的路径时，应优先选择路径成本值较低的路径，以保持光网络较高的资源效率。

通过这种方法，可以将路由资源分配与频谱资源碎片整理更紧密地结合在一起，实现更灵活、高效的资源分配策略。每当网络中产生新的连接时，都可以根据路径成本评价指标选择最优的路径，从而在满足业务需求的同时，最大限度地减少频谱碎片化和资源浪费，提高光网络的整体性能。

（1）链路起始节点为灵活栅格节点。频谱紧凑度的计算式为

$$C_{\text{flex}}=\frac{\lambda_{\max}-\lambda_{\min}+1}{\sum_{i=1}^{N}B_i}\cdot\frac{1}{K} \tag{5-3}$$

式中：$\lambda_{\max}$、$\lambda_{\min}$ 表示所选链路中的最大占用波长和最小占用波长；N 表示此时网络中存在的连接数；B_{i} 表示 ID 为 i 的连接占用 B 个频隙；K 表示所选链路中服务占用的频谱块之间存在的频谱块数。计算实例如图 5-6（a）所示，其中 C_{flex} 表示链路的起始节点为灵活节点的链路频谱紧凑度。

（2）链路起始节点为固定栅格节点。在混合栅格光网络中的，一部分网络资源受到节点栅格技术升级的影响，资源粒度从波长粒度向频谱粒度转变，而一部

分网络资源依旧保持在波长粒度，以 50GHz 划分整齐，所以需要修正原型中的 K 值为 K'，当存在跨越粒度的情况时，K' 所表示的频谱块数需要分成两部分看待。此时的计算实例，如图 5-6（b）所示，其中 C_{fixed} 表示链路的起始节点为固定节点的链路频谱紧凑度。当起始节点为固定栅格节点时，如图 5-6（a）所示的第一块频谱块被如图 5-6（b）所示虚线划分成两个频谱块，因此 K' 的值为 4。

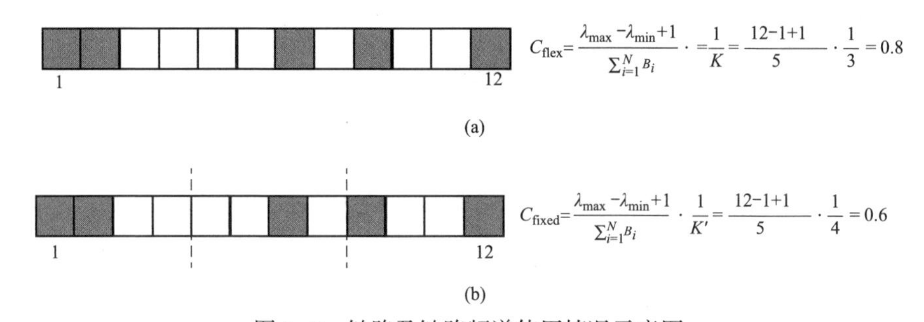

图 5-6　链路及链路频谱使用情况示意图

（a）链路起始节点为灵活栅格节点；（b）链路起始节点为固定栅格节点

在混合栅格光网络中，存在四种不同路径，如图 5-7 所示。当路径中包含两种不同类型的节点时，由于这些节点在频谱粒度和其他限制上的差异，可能会导致频谱利用的不充分。特别是在从源节点出发，直到下一个与源节点类型相同的节点之前的链路段上，这种频谱浪费的现象尤为明显。这种低效的频谱利用方式不仅会影响当前链路的性能，还可能通过链路的相互连接，对整个网络的性能产生负面影响。

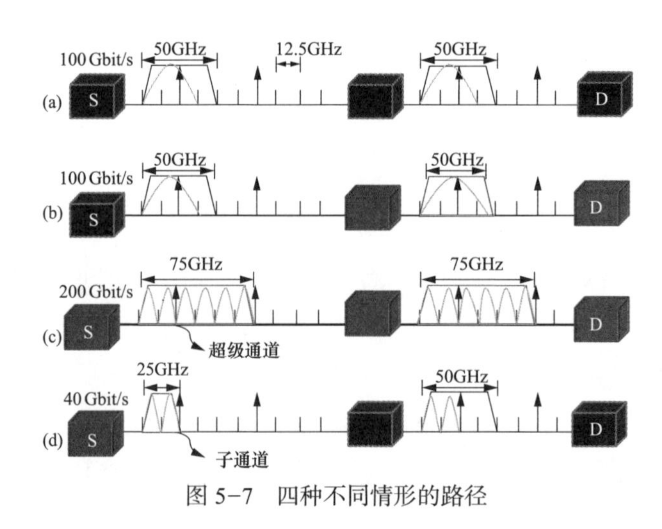

图 5-7　四种不同情形的路径

为了解决这个问题，我们可以考虑在路由和频谱分配算法中引入节点连接性的因素。节点辐射度是一个能够反映节点连接情况的指标，它可以帮助我们了解业务对整个网络拓扑资源的影响，以及这种影响如何通过网络中的链路传播。通过考虑节点辐射度，可以将业务对网络的影响以及对后续业务建立的影响量化，并将这些影响反映到业务路径上的每一个节点上。

节点辐射度的计算式为

$$D=\begin{cases}\dfrac{n_{\text{flex}}}{d}, & n_{\text{flex}}\text{为源节点为灵活栅格节点的路径中固定栅格所连灵活栅格节点数目}\\ \dfrac{n_{\text{fixed}}}{d}, & n_{\text{fixed}}\text{为源节点为固定栅格节点的路径节点的路径中灵活栅格所连灵活栅格节点数目}\end{cases} \tag{5-4}$$

其中，d 为节点的度，以此来反映节点在整个网络拓扑中的地位；n 的具体值与路径源节点属性有关，具体划分为以下两种情形：

（1）源节点为灵活栅格节点。此时会在固定栅格节点后的链路出现频谱利用程度不高的情况，若之后的业务以此固定节点为源节点，这种低效的占用方式会辐射到其他灵活栅格节点上，因此这种情况下的 n 值为与固定栅格节点相连的灵活栅格节点的数量。在图 5-8 所示的拓扑，4-1-2-3 路径中，对于由于 2 节点为固定节点导致的频谱浪费会在后续业务建立中影响到与之相连并且属性不同的节点 1、5 所连的链路，所以此时 n 值为 2，D 值的最终结果为 2/3。

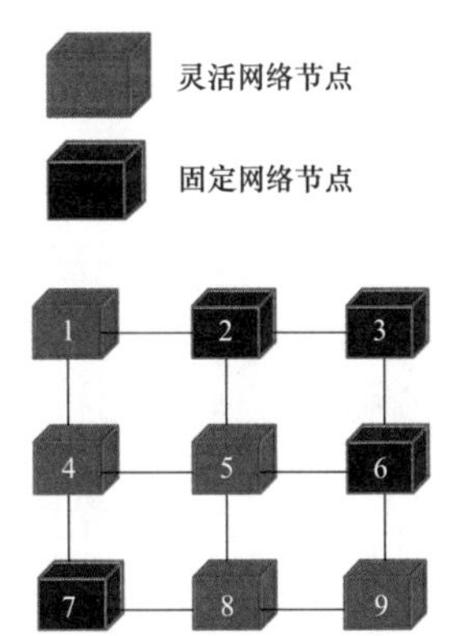

图 5-8 节点数为 9 的网络拓扑

（2）源节点为固定栅格节点。此时要求占用的频谱必须是波长粒度，这就导致在属性不同的灵活栅格节点后的链路可能出现频谱利用程度不高的情形，这种低效的占用方式会辐射到与之相同的灵活栅格节点上（对于固定栅格节点都是无论利用程度如何都只能在波长粒度选择频谱建立连接），对于图 5-9 的拓扑，在 3-2-1-4 路径中，对于节点 1，只有一个灵活栅格的直连节点，即 n 为 1，其 D 值为 1/2。

此外，考虑比值的原因是希望通过比值的方式，反映建立业务会对之后业务产生影响的概率，即会受到影响的直连节点 / 该节点的度。

综合考虑链路频谱紧凑度和节点辐射度这两个指标，提出衡量备选路径优劣的链路成本值，链路成本值计算式为

$$C_{\mathrm{cost}}=\sum v\in L\frac{1}{C}\cdot P_{\mathrm{s,d}}^{\nu}+\sum v\in L\frac{1}{C}\cdot D\cdot P_{\mathrm{s,d}}^{\nu'} \tag{5-5}$$

其中，v 表示路径中的某一节点；$\sum v\in L$ 表示遍历最后一个节点出外的所有节点，L 表示备选路径；$P_{\mathrm{s,d}}^{\mathrm{v}}$ 和 $P_{\mathrm{s,d}}^{\mathrm{v}}$ 的值为 0 或 1，当节点 v 与源节点具有相同属性时，$P_{\mathrm{s,d}}^{\mathrm{v}}=1$，$P_{\mathrm{s,d}}^{\mathrm{v}\prime}=\mathrm{O}$ 否则 $P_{\mathrm{s,d}}^{\mathrm{v}}=0$，$P_{\mathrm{s,d}}^{\mathrm{v}\prime}=1$；$C$ 表示对应于 v 为起始节点的链路的频谱紧凑度，计算方式与 v 的属性相关；D 为节点 v 的节点辐射度，计算方式与源节点属性及 v 的属性相关。

此路径成本值的计算公式中遍历所有节点并求和而没有考虑平均值的原因是 C_{cost} 的值越大，该路径成为最终建立业务的路径的概率越小，所以累加的过程隐含了对路径的节点数的考虑（一般情况下路径的节点数越大，累加和越大）。具体计算过程如图 5-9（b）所示，源节点为灵活节点，共两条链路（计算分成两部分相加），在遍历过程中，节点 2 与源节点属性不同，所以需要计算其 D 值，为 1/2，代入式（5-5）得到最终成本值，其他情况类似，实例如图 5-9 所示。

1）备选路由选择阶段。当新的业务请求到达网络时，首先应用 KSP 算法确定连接请求的 K 条最短路由，其中 K 的最优值与光网络拓扑资源的整体状况、业务连接请求的密集程度以及算法时延等因素有关。不考虑调制格式，确定源节点为固定栅格节点时的最大能够承载的业务速率。根据这一最大速率值，将待连接请求划分为需要建立超通道以及无需建立超通道两种类型。如果 K 条路由有足够的资源用来建立连接，则被确定为备选路由集合。所有路由都没有足够的资源建立超通道时，将此请求划分为多个无需建立超通道的较小带宽需求的请求，重复备选路由选择的操作。

2）路由成本值计算阶段。在确定好备选路由集合后，将遍历备选路由上的频谱资源，根据源节点属性，计算并记录该路由上各条链路的链路频谱紧凑度；遍历备选路由上的节点，根据源节点属性及各节点直连节点的情况确定并记录各个节点的节点辐射度。根据记录所得的链路频谱紧凑度以及节点辐射度确定对应路由的成本值。按照这个步骤遍历备选路由集合，计算并记录各条路由的成本值。

3）路由最终选择阶段。根据 2）中记录的各备选路由成本值，将其按照从小到大的顺序进行排序。最终选择成本值最小的路由作为最终路由，建立连接。路由资源分配的具体步骤如图 5-10 所示。

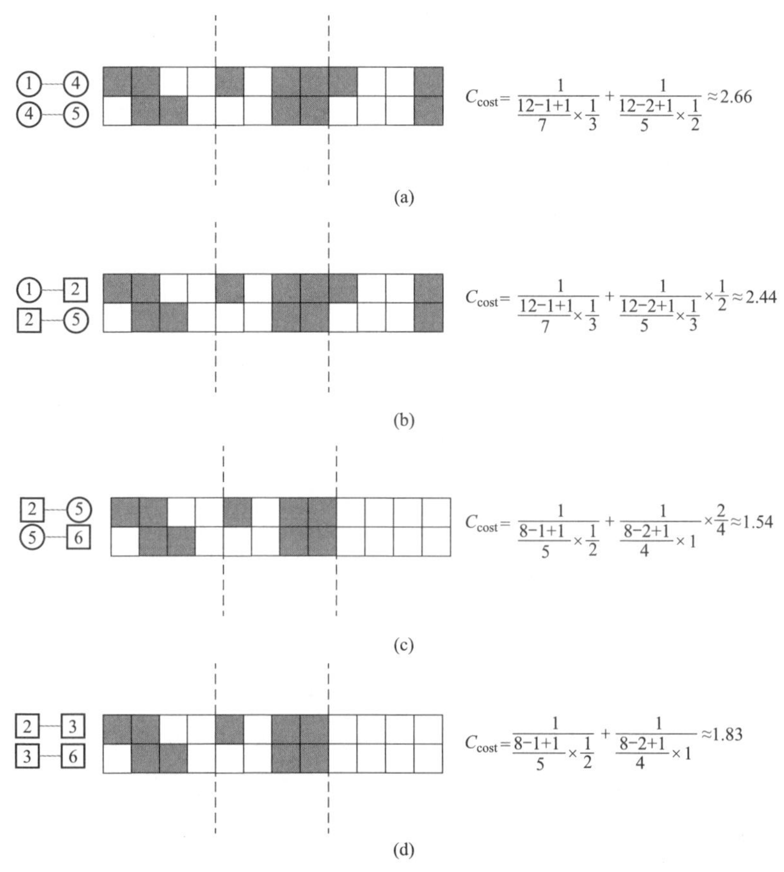

图 5-9 几种不同情况成本值的计算示例

（a）组成路径的节点均为灵活节点；（b）源节点为灵活节点，途径固定节点；

（c）源节点为固定节点，途径灵活节点；（d）组成路径节点均为固定节点

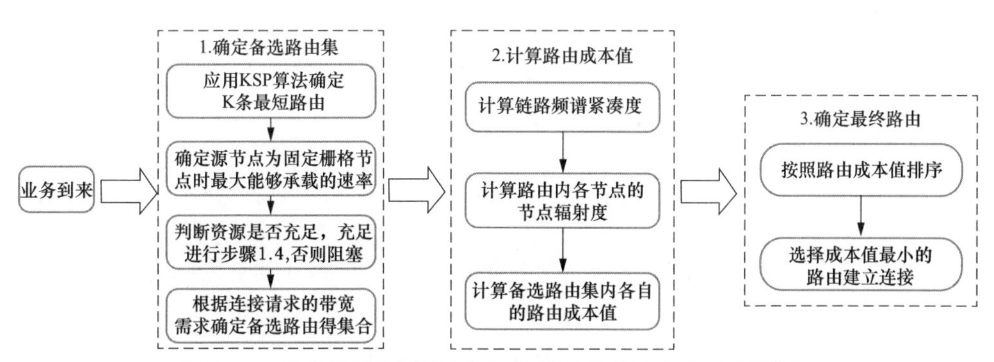

图 5-10 混合栅格光网络中基于链路成本值路由资源分配方法

基于链路成本值路由资源分配方法的核心在于精确计算和比较链路的频谱紧凑度与节点辐射度，从而得出路由成本值。通过这一方案，在路由资源分配阶段，我们能够有效地降低建立连接对光网络碎片化程度的影响，进而提升网络的整体性能。具体来说，计算节点辐射度时，我们充分考虑了在特定路径上建立连接对整个光网络频谱资源的影响程度。这种全面的考量有助于确保光网络性能的持续稳定，避免因局部连接建立而引发的全局性能波动。

总的来说，这种基于链路成本值的路由资源分配方法不仅优化了网络连接的建立过程，还通过降低碎片化程度和维护网络稳定性，为混合栅格光网络的持续发展提供了有力保障。

5.2.3.2　基于子树划分的混合栅格光网络路由频谱分配方法

随着在线会议、IPTV 等点对多点（P2MP）服务的不断普及，固定栅格波长复用光网络面临着频谱资源利用率低和灵活性不足的挑战，难以承载持续增长的网络流量。为了克服这些限制，同时避免对现有固定栅格光网络造成大量干扰，业界引入了混合栅格光网络的概念。这种网络允许固定栅格和灵活栅格共存，为 P2MP 服务提供了更加高效的路由和资源分配方案。

在混合栅格光网络中，P2MP 业务的路由选择和资源分配问题尤为关键。为了提高频谱利用率和分配成功概率，可以采用子树划分和距离自适应调制方式选择的方法。通过将原始光树划分为多个子树，每个子树覆盖部分组播目的节点，可以独立选择调制级别，从而实现更高的频谱效率。然而，子树的划分并非随机进行，而是需要精心设计，以避免重复链路导致的频谱资源浪费。

基于子树划分的 RSA 组播算法（STD-RSA）是一种有效的解决方案。该算法在划分原始光树时，综合考虑了组播业务所需的频隙数量和资源分配的灵活性。当组播业务到达时，它首先使用迪杰斯特拉算法计算源节点到每个目的节点的最短路径，并形成原始光树。随后，根据特定的划分策略，如最高调制方式或链路重叠情况，将原始光树划分为多个子树。

原始光树和两种子树划分方法的 F 值的计算式为

$$F = s \cdot \alpha + \frac{1}{t}(1-\alpha) \tag{5-6}$$

式中：s 表示所需的频隙数；t 表示子树的数量；α 表示 0 到 1 之间的变量常数。对比原始光树和两种子树划分方法的 F 值，选择 F 值最小的作为承载业务的路由光树，并使用 First-Fit（FF）算法进行频谱资源分配。

图 5-11 为 STD-RSA 算法的伪代码图。

```
STD-RSA -Algorithm
Input: G(N,L,S), MS(s,D,v), R, M, A.
Output: Light-tree T, allocate FSs F for multicast services.
1:  T←Ø; Calculate a SPT T0;
2:  If Vs∈Vfix then
3:  | T←T0;
4:  else
5:  | for k=0 to k=n-1 do
6:  |  | Calculate each dk;
7:  |  | Select a mk according to [M] and [A];
8:  |  | Divide T0 into several Tm;
9:  | end for
10: | Divide T0 into several Toverlap based on if the paths to each
    | destination node overlap;
11: | Caculate F value for T0,Tm and Toverlap;
12: | Compare and select the light-tree corresponding to the
    | smallest F value as T;
13: end if
14: Allocate FSs F with First-Fit algorithm;
15: Return T,F;
```

图 5-11　STD-RSA 算法的伪代码图

第 2 行和第 3 行表示源节点 V_s 是一个固定节点的情况。如果 MS 来自固定节点，则对原始光树没有操作，而原始光树为最终选择的光树 T。如果源节点为灵活节点，则第 5～9 行根据调制方式 m_k 划分原始光树。对于 n 个目的节点的最短路径，计算每个路径 d_k 的长度，并根据距离自适应地选择每个路径对应的最高调整方式。对原始光树进行划分，将相同调制方式的路径合并成一个子树 T_m。第 10 行表示划分原始光树的另一种方法，它是根据每条路径是否重叠来划分光树。如果存在重叠的路径，则将这些重叠的路径划分为一个子树。第 11 行和第 12 行表示计算三种光树情况下的 F 值并选择 F 值最小的光树作为最终光树 T。第 14 行使用 FF 算法根据所选光树 T 分配频率槽 F。FF 算法从从频谱资源空闲区表头开始按顺序查找，直到找到第一个能满足其大小要求的空闲区为止，并将能够满足要求的空闲频谱分配给业务。最终返回路由光树 T，并将频谱资源分配给业务。

5.2.3.3　基于频谱感知的混合栅格光网络路由频谱分配方法

为了有效地满足 P2MP 业务的需求，提出了一种混合网格光网络中的频谱可用性感知路由和资源分配（SAA-RRA）算法。所提出的 SAA-RRA 算法的详细流程如下。当一个 P2MP 服务 MR（s, D, b）到达时，首先得到链路集 E。该算法在网络拓扑 G（V, E）结构中遍历 E。对于链路 e_i =（v_s, v_d, distance），得到显示链路 e_i 上频隙的状态的位掩码集 s_e。然后，它在 e_i 上遍历 f_i 来检查频隙 f_i 是否是空闲的。在频隙状态遍历过程中，重要的步骤是计算服务 MR（s, D, b）的不同链路网格上的可用频谱块的数量。如果 e_i 是从弹性网格节点到弹性网格节点，则 e_i 是弹性栅格的链路；否则，它是固定栅格的链路。如果 e_i 是一个固定栅格链路，则将根据固定栅格约束计算可用频谱块的数量；如果 e_i 是一个弹性栅格链路，则将根据弹性栅格约束计算可用频谱块的数量。

根据计算出的在 e_i 上的可用频谱块数 n_a，如果 $n_a \neq 0$，即存在满足 P2MP 服务要求的可用频谱，则创建新的辅助链路 e_i^a =(vsi, vdi, weight)。这里，e_i^a 的来源和目的地与 e_i 相同，但权重 weight $= \rho / n_a$ 不同，ρ 是一个常数。权重表示物理链路中可用的频谱资源的数量，并且可用的频谱资源越多，权重就越小。在网络拓扑 G（V, E）中遍历 E 后，根据所建立的辅助链路 e_i^a 创建辅助图 G_a（V_a, E_a）。然后，利用最小生成树（MST）和最短路径树（SPT）算法计算 MR（s, D, b）从源节点 s 到宿节点 D 的最小生成树（MST）。MST 的目标是减少总的资源消耗。SPT 旨在减少网络中数据的时延。最后，如果计算出的从源节点到目标节点的路由树存在，则以 First-fit 为 MR 分配足够的频谱资源，表示 MR 携带成功；否则，MR 被阻塞。

与基准算法相比，SAA-RRA 算法的阻塞概率更低。在物理拓扑中的弹性栅格网络节点不同的情况下弹性栅格网格节点越多，SAA-RAA 算法的性能优势就越明显。

5.2.4 基于混合栅格的弹性光网络频谱重构技术

随着通信技术的迅猛发展和多媒体通信应用的广泛普及，组播技术在网络中扮演着至关重要的角色。在电力通信网中，组播技术已被广泛应用于网络视频会议、远程教学和网络远程视频监控等领域。这种技术的应用显著提高了办公效率，增强了信息传递的时效性，从而更好地适应了社会技术的发展和人们对实时数据高效传输的需求。

同时，在电力数据中心的高带宽应用中，例如业务迁移等场景，需要将大量数据高效传输到地理上分散的多个目的地。为了满足这一需求，混合栅格光网络成为一个备受关注的研究方向。

在混合栅格光网络的场景中，有一种用于衡量频谱碎片状态的评价指标。该指标综合考虑了链路中频谱碎片的占比以及链路上业务的平均频隙数，为判断是否需要对运行中的组播业务进行频谱重构提供了重要参考。基于这一评价指标，进一步提出了一种针对组播业务的混合栅格光网络频谱重构方法，如图 5-12 所示。

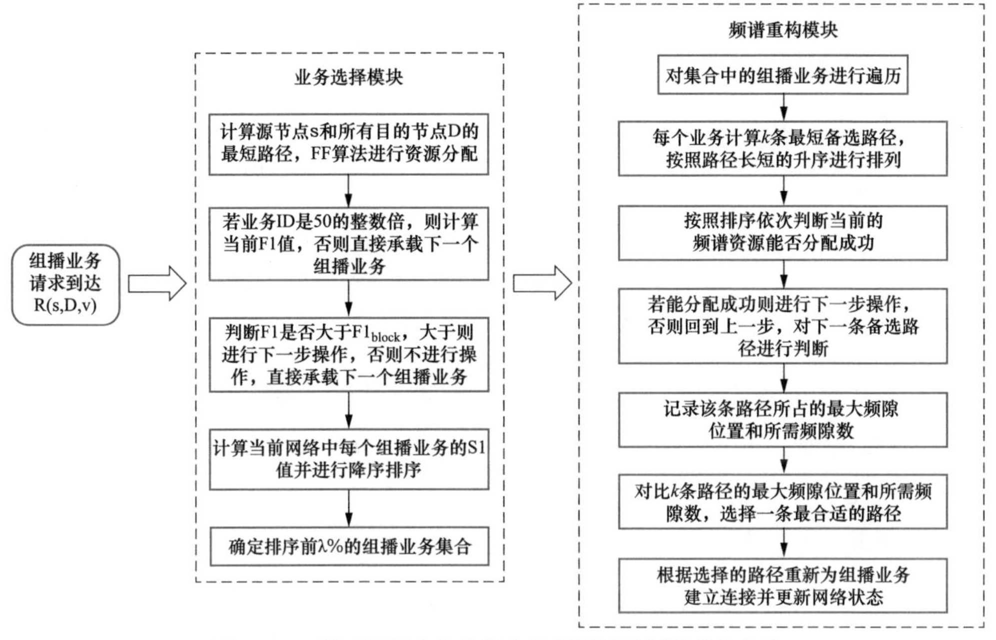

图 5-12 基于组播业务的混合栅格光网络频谱重构方法

5.2.4.1 业务选择模块

当新的组播业务到达网络时，首先利用迪杰斯特拉算法计算源节点到每个目的节点的最短路径，生成一棵最短路径树。在确定了组播业务所分配的路径后，使用 First-Fit 算法对路径进行频谱资源的分配。每间隔固定时间则对频谱碎片的衡量指标 FI 进行一次计算，以判断是否要对当前网络中所存在的组播业务进行频谱重构的操作。算法提出的频谱碎片分散度 FI 的具体定义为

$$FI=\frac{\sum_{i=1}^{i=N}\left(\frac{\sum_{j=1}^{j=M}\frac{B_{ave_i}}{LF_{frag_{ij}}}}{M}\right)\frac{LF_{max_i}-LF_{used_i}}{LF_{max_i}}}{N} \tag{5-7}$$

式中：N 表示网络中链路的数量；M 表示链路中碎片的数量；B_{ave_i} 表示在第 i 条链路上业务所占的平均频隙数；$LF_{frag_{ij}}$ 表示第 i 条链路上的第 j 个碎片的频隙数；LF_{max_i} 表示第 i 条链路当前已被占用频隙的最大位置；LF_{used_i} 表示第 i 条链路中已经被占用的频隙数量。式（5-7）考虑了频谱碎片的碎片化程度以及频谱碎片在频谱中所占的比例。FI 值越大，表明当前网络中频谱碎片化的程度越严重，若 FI 值超过了一个门限值 FI_{block}，则需要对当前正在运行的一部分组播业务进行频谱重

构的操作，以降低频谱碎片所占的比例。

当 FI 值超过了门限值 FI_{block} 时，需要选择进行频谱重构操作的组播业务。首先，读取网络中正在运行的组播业务集合，计算每个组播业务的业务衡量指标 SI 以判断该组播业务是否需要进行重构操作。算法提出的业务衡量指标 SI 的具体定义为

$$SI=\alpha\cdot\frac{SF_{\mathrm{max}}}{LF_{\mathrm{max}}}+\beta\cdot\frac{SF_{\mathrm{num}}}{SF_{\mathrm{mnum}}}+\gamma\cdot\frac{\Delta t}{\Delta t_{\mathrm{max}}} \tag{5-8}$$

式中：α、β、γ 表示三个可变常数，且 $\alpha+\beta+\gamma=1$；SF_{max} 表示业务所占频隙的最大位置；LF_{max} 表示所有链路中频隙的最大使用位置；SF_{num} 表示业务所需的频隙数；SF_{mnum} 表示网络中业务所需的最大频隙数；Δt 表示业务的剩余运行时间；Δt_{max} 表示网络中业务的最大剩余运行时间。

SI 的值越大，表明该业务重构后对于网络的改善作用更大，更需要进行频谱重构的操作。

对集合中的所有组播业务计算 SI 值并进行降序排序。接着设置一个 λ 值，根据排序选取前 $\lambda\%$ 的组播业务进行接下来的频谱重构操作，而排序靠后的组播业务则不进行频谱重构的操作，保持原有路径和分配频隙的位置。

5.2.4.2 频谱重构模块

在频谱重构阶段，对排序前 $\lambda\%$ 的组播业务依次进行频谱重构的操作。每个组播业务首先需要计算 k 条最短路径。组播业务的 k 条最短路径计算过程是：计算源节点到每个目的节点的 k 条最短路径，对这些路径进行排列组合并选出综合最短的 k 条路径，并对 k 条路径按照路径长短的升序进行排列，依次对这 k 条路径进行频谱资源匹配。

在使用 First-Fit 算法进行频谱资源分配之前，先对路径进行分树的操作，分树的标准是判断路径是否重叠，若存在重叠则不分树，完全没有重叠的路径则单独分为一棵子树。分树的操作可以使频谱资源的分配更加灵活，降低业务的阻塞率。接着利用 First-Fit 算法判断该条路径能否成功进行资源分配，若能满足频谱资源分配连续性和一致性的条件，则记录下该条路径需占用的频隙数和占用频隙的最大位置，暂时不分配频谱资源。若该路径无法满足频谱资源分配的条件，则继续按顺序对下一条路径进行判断。

当 k 条路径全部尝试过分配频谱资源之后，首先比较 k 条路径分别占用的最大频隙位置，选择频隙位置最小的一条路径。若频隙位置最小的路径不止一条，则接着比较这几条路径所需要的频隙数量，选择所需频隙数更小的一条路径。若

以上两个判断所选出的路径不止一条，则随机选择其中的一条路径进行资源分配并释放原路径所占用的频谱资源，重新建立连接并更新网络状态。当排序前 λ% 的组播业务全部完成了以上的过程，则频谱重构的操作完成，继续为下一个到达网络中的组播业务进行路由资源分配。

基于组播业务的混合栅格光网络频谱重构方法的核心在于计算频谱碎片分散度并对网络中的部分组播业务进行频谱重构，能够在合适的时间进行频谱重构，以减小频谱碎片对业务路由资源分配的影响。该方案应用于组播业务，在选择路径时进行了适当的分树操作，使频谱重构中的资源分配更加灵活。

5.3 弹性光网络资源虚拟化机制

网络虚拟化是解决当今互联网架构中众多问题的关键技术之一。随着互联网的高速发展，其网络体系架构逐渐暴露出诸如结构臃肿复杂、资源组织调度能力不足以及网络资源利用效率低下等问题。网络虚拟化技术的出现，为这些问题提供了有效的解决方案。

网络虚拟化允许多个虚拟网络共存于同一个物理网络基板上。每个虚拟网络由虚拟节点和虚拟链路组成，这些虚拟元素实际上是物理网络资源的一个子集。通过虚拟化技术，用户可以根据自身需求创建和管理虚拟网络，而无需关心底层物理网络的复杂细节。

网络虚拟化技术不仅可以显著提高网络资源的利用效率，还通过实现虚拟网络之间的相互独立性，为用户提供了更好的安全保障。这种独立性意味着不同虚拟网络之间的故障或安全问题不会相互影响，从而提高了整个网络系统的稳定性和可靠性。

在弹性光网络中，网络虚拟化技术通过对网络资源的抽象化，提取出相应的虚拟化条件。这种抽象化过程使得网络资源能够以更加灵活和高效的方式被管理和调度，从而满足不断变化的用户需求。

总之，网络虚拟化技术为互联网架构的优化和升级提供了强有力的支持。通过实现网络资源的虚拟化和管理，可以构建一个更加高效、灵活和安全的网络环境，以应对未来互联网发展的挑战。

5.3.1 弹性光网络中频谱资源的虚拟化

弹性光网络中的频谱资源可支持虚拟化切片的因素概括为以下三点。

（1）灵活栅格。在弹性光网络中，频谱资源经历了进一步的细粒度分割。与传统的符合 ITU-T 标准的 WDM 网络固定的波长栅格不同，弹性光网络将这些栅格细分为更窄小的频谱粒度，即所谓的频谱隙（frequency slot）。这种分割方式使得网络资源能够更加灵活地适应不同虚拟网络业务的需求。

为了支持这种自适应的频谱分配方式，ITU-T 在其 G.694.1 建议书中引入了基于频谱隙概念的灵活栅格方案。根据该方案，频谱隙被定义为一个光通道层（OCh）可以占用的频率范围，每个频谱隙都有一个名义上的中心频谱，并且每个频谱隙的带宽被标准化为 12.5GHz。与分组网络相比，弹性光网络在频域上划分了最小粒度单元，这使得它能够根据虚拟网络业务的具体需求，分配相应数量的连续频谱隙。这种分配方式不仅提高了网络资源的利用率，还实现了用户需求与网络资源提供的最优匹配。

图 5-13 展示了弹性光网络和传统 WDM 光网络在承载虚拟网络请求时的频谱资源使用情况。通过对比可以看出，弹性光网络通过灵活的频谱分配方式，更加高效地利用了频谱资源，从而满足了不断变化的虚拟网络业务需求。

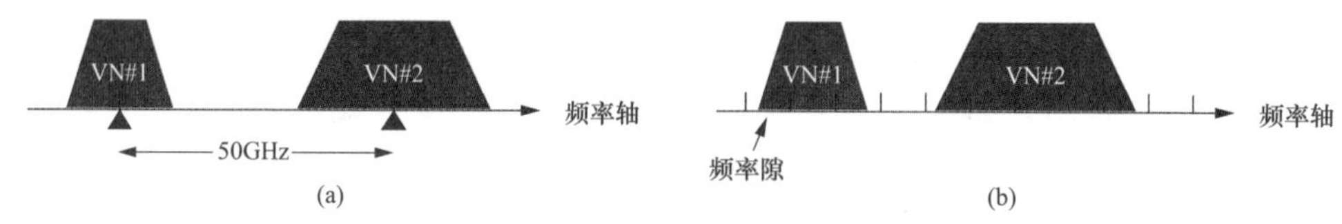

图 5-13 传统 WDM 光网络与弹性光网络

（a）WDM 光网络；（b）频谱灵活光网络

（2）距离自适应的速率和调制格式。在弹性光网络中，频谱资源的灵活分配是实现高效、可靠通信的关键。不同的频谱隙可以被分配给不同的用户或上层应用，以满足其多样化的需求。结合光收发机的信号处理功能，可以通过调整光信号的速率和调制格式来优化传输性能并满足不同的 QoS 和传输距离要求。

如图 5-14 所示，对于中距离和远距离的 100Gbit/s 数据通道，可以分别分配 50GHz 和 100GHz 的频谱资源。而对于中距离和短距离的 400Gbit/s 数据通道，则可以分别分配 200GHz 和 100GHz 的频谱。这种根据距离和业务需求进行的自适应分配，不仅提高了频谱利用率，还确保了信号传输的质量和效率。

此外，通过距离自适应地分配信号速率和调制格式，弹性光网络能够更好地支持各种虚拟业务。这些虚拟业务不仅在物理频谱上相互独立，还在信号编码上实现了相互分离。这种独立性不仅增加了业务接入的多样性，还显著提升了虚拟网络的安全性和可靠性。因为即使某个虚拟业务受到干扰或攻击，其他业务仍然

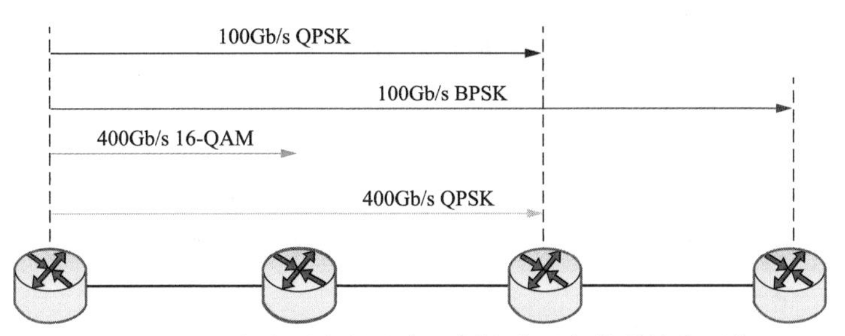

图 5-14 距离自适应的速率调制格式可变的弹性光网络

能够正常运行，互不影响。

（3）动态的频谱资源虚拟迁移。与计算和存储资源的虚拟迁移类似，弹性光网络同样支持着虚拟资源的迁移。它具备按需分配带宽的能力，从而实现了网络频谱资源的高效利用。然而，在动态网络场景中，当业务请求频繁到达和离开时，网络会相应地分配和释放频谱资源。这种大规模的动态随机建路和拆路操作导致可用频谱呈现碎片化状态。

为了有效管理这些频谱碎片，并满足大带宽业务的连续频谱需求，弹性光网络需要进行频谱资源的碎片化整理。这种整理过程可以类比为虚拟资源的迁移。目前，已经有多种技术手段被用于实现虚拟频谱资源的迁移。

1）"再优化"（re-optimization）方法。这种迁移方法类似于传统波分复用（WDM）的方法。这种方法需要将网络中的所有光路拆除，然后对每个光路进行重新建立，以减少网络中的频谱碎片数量。然而，这种方法可能会导致业务的短暂中断，并且在大型网络中实施起来可能较为复杂。

2）"先建后拆"（make-before-break）方法。这种方法在拆除光路之前，会先为其建立一条具有相同带宽的新光路。这种方法可以减少业务的中断时间，但需要额外的网络资源来支持新光路的建立。

3）"推挽"（push-and-pull）方法。这种方法可以在频域上推移频谱，但需要确保推移路径上没有其他光路的阻挡。这种方法可以在不中断现有业务的情况下对频谱进行调整，但实施起来可能需要精确的控制和协调。

4）"跳步调优"（hop-tuning）方法。这种方法能够将任意频谱快速搬移到其他频谱段，而不需要中断业务（或者中断时间非常短，小于 1μs）。这种方法提供了极高的灵活性和效率，但需要先进的技术支持和精确的操作。

综上所述，弹性光网络中的频谱资源碎片化整理是一项重要任务，它可以通过多种技术手段实现虚拟资源的迁移和优化配置。这些技术手段各有优缺点，需要根据具体的网络场景和业务需求进行选择和应用。

5.3.2 弹性光网络中硬件资源的虚拟化

弹性光网络作为一种高效灵活的网络架构，其核心优势不仅体现在频谱资源的可虚拟化，还表现在硬件资源的可切片化能力上。这种可切片化的硬件资源为虚拟业务的实现提供了强有力的支撑。具体来说，弹性光网络的硬件资源主要包括以下几类可灵活切片的组件。

（1）可切片的光收发机。在弹性光网络中，光路的建立可以根据业务需求进行灵活调整，这就要求光收发机具备可变带宽的功能。然而，传统的光收发机通常按照最大流速率进行设定，例如一个支持 400Gbit/s 的带宽可变光发射机在承载一个仅为 200Gbit/s 的数据业务时，其使用效率仅为 50%，这就导致了网络设备的利用率低下和资源浪费。

为了提升光发射机的利用率，需要引入可切片功能。可切片弹性光收发机能够将单一的物理光收发机接口逻辑上分割成多个虚拟光收发机，每个虚拟光收发机都可以独立地建立一条光路。这种可切片的设计使得一个物理光收发机能够同时支持多条不同带宽、不同方向的光路，从而更加灵活地满足业务需求。

近年来，支持多光流的光发射机（multi-flow optical transponder）被提出并得到了实验验证。这种光发射机能够将多个上层业务流映射到同一个物理光发射机上的不同光流中，从而实现了多个业务流的并行传输。与此同时，基于光任意波形发生器的多频谱切片带宽可扩展的相干光发射机也被提出并得到了实验验证。这种方法利用光任意波形发生器产生多个独立的光路，进一步增强了光网络的灵活性和可扩展性。

通过这些创新技术，可以更加高效地利用网络资源，提高光收发机的利用率，降低设备成本，并推动弹性光网络向更加智能化、灵活化的方向发展。图 5-15 展示了可切片弹性光收发功能机的示意图，可以更直观地理解这一技术的原理和应用。

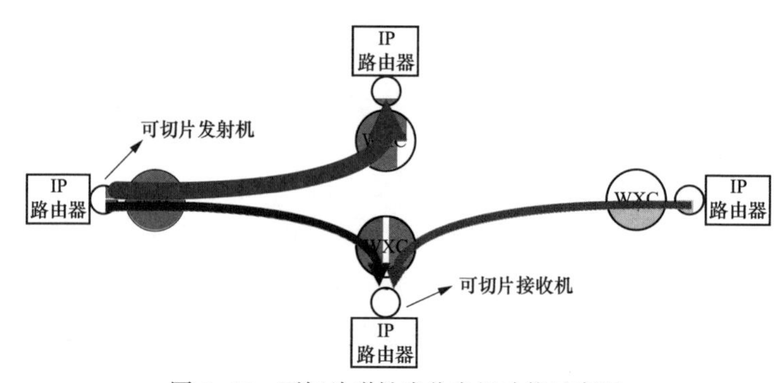

图 5-15　可切片弹性光收发机功能示意图

（2）可变带宽光交叉连接设备。传统的 WDM（波分复用）光网络交换节点在设计上仅支持固定带宽的光滤波功能，这些固定带宽通常遵循 ITU−T（国际电信联盟电信标准化部门）为 WDM 网络所规定的标准波长。然而，随着弹性光网络的发展，业务需求逐渐呈现出多样化的带宽需求特点。因此，为了有效适应这种变化，光交换节点必须具备支持可变带宽交换的能力。

带宽可变光交换机（BV−OXC）便是弹性光网络中的核心交换节点，其功能示意图如图 5−16 所示，展示了一个多维度的 BV−OXC 结构，该结构由多个光分路器（splitter）和多个带宽可变波长选择开关（BV−WSS）共同组成。特别值得一提的是，由菲尼萨（Finisar）公司研制的 BV−WSS 具备出色的性能，它能够实现 12.5GHz 的最小交换粒度，并通过灵活的编程配置，实现多个 12.5GHz 粒度的级联操作，从而满足弹性光网络中各种复杂的带宽需求。

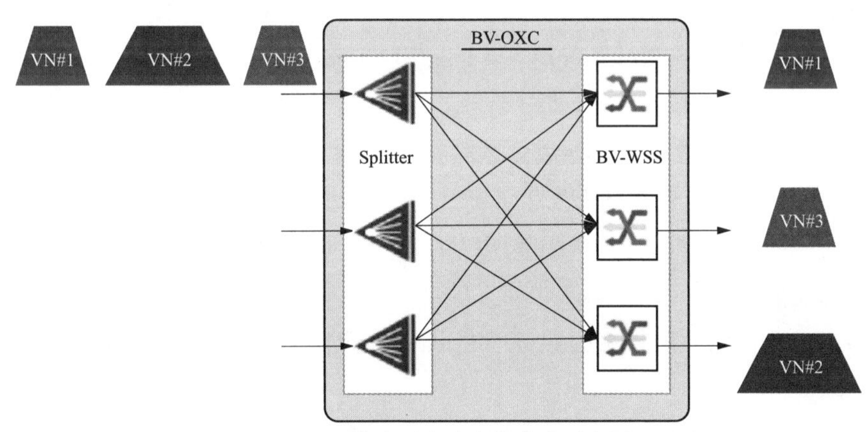

图 5−16　带宽可变光交换节点示意图

（3）弹性光再生器。在频谱弹性光网络中，再生功能对于支持多种速率信号至关重要。为了满足这一需求，弹性的光再生器被提出，并已经通过实验验证，证实了其有效性。图 5−17 为弹性光再生器的功能示意图。

具体来说，当处理一个高速率信号，如 400Gbit/s 的信号时，该再生器展现出了其独特的优势。由于这种信号的速率极高，传统的单一再生器可能无法有效应对。然而，在频谱弹性光网络的框架下，通过使用弹性光再生器，可以将这一高速率信号分解为多个较低速率的子信号进行处理。在这种情况下，一个 400Gbit/s 的信号需要 4 个超级通道子速率（SSR）进行处理，从而确保信号的稳定再生和传输。

这种弹性光再生器的设计不仅提高了网络的灵活性，使其能够适应不同速率信号的需求，同时也增强了网络的可靠性和性能。通过优化再生过程，我们可以

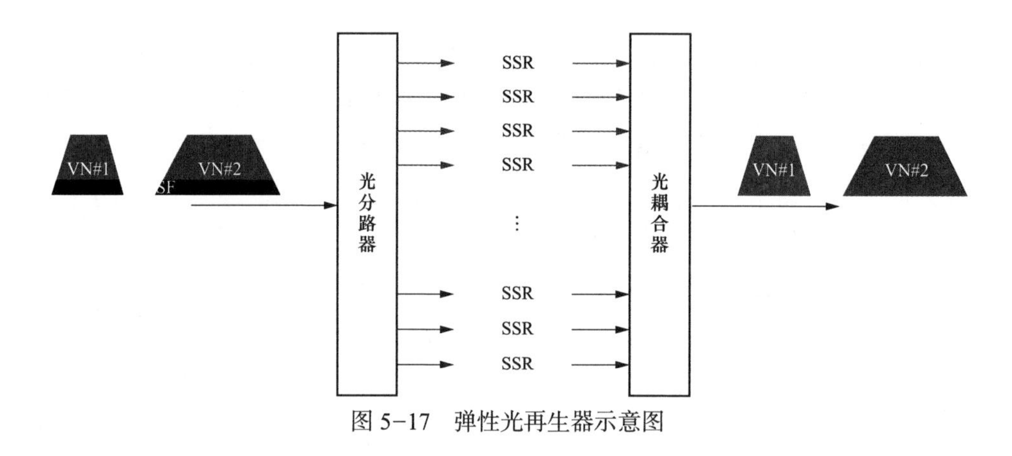

图 5-17　弹性光再生器示意图

减少信号在传输过程中的衰减和失真，从而确保数据的完整性和准确性。这对于构建高效、可靠的光网络具有重要意义。

5.4　弹性光网络通道可靠性保障技术

业务流量的激增往往会导致一系列网络问题，网络链路故障便是其中之一，且这类故障在日常运营中频繁发生。据统计，高达 69.2% 的故障属于单链路故障。因此，对网络运维方而言，增强其网络的弹性，提高服务的可维护性，已成为一项紧迫的任务。

为了应对链路故障带来的业务中断风险，通常有保护和恢复两种主要的解决方案。

保护策略通过为服务分配工作路径和备份路径来确保业务的连续性。一旦工作路径出现故障，服务可以迅速切换到备份路径上，从而实现高可靠性。然而，这种方法需要预留一定的网络资源用于备份路径，这可能会导致资源利用率降低，甚至在某些情况下会阻塞其他服务的部署。

相比之下，恢复策略在发现链路故障后，会根据网络的当前状态动态地为受影响的服务寻找合适的路由和资源。这种方法不需要额外划分备份区域，因而能够更充分地利用网络资源。但是，恢复策略也存在一定的局限性，尤其是在网络资源紧张的情况下，可能会因为频谱资源不足而导致恢复成功率降低。

综上所述，保护和恢复策略各有优劣，网络运维方需要根据自身的业务需求和资源状况来选择合适的策略，以最大限度地减少链路故障对业务的影响。

5.4.1 弹性光网络生存性模型

在弹性光网络中，生存性问题需要给出定义。用 $G(V, E)$ 表示一个弹性光网络拓扑，其中 V 表示节点集，E 表示链路集。一个连接请求表示为 $LR(s, d, n)$，s 和 d 分别为源节点和目的节点，n 表示请求所需要的带宽（n 个子载波）。假设网络中没有配备光 / 电 / 光转换器，因此，为每一个请求分配的子载波必须连续且在整条路径上保持一致。弹性光网络中提供生存性保障，要求在单链路失效的前提下，能提供百分之百的恢复能力，并且消耗最少的冗余资源。弹性光网络中常用的生存性方案包括基于路径保护和基于链路保护。

（1）在共享路径保护方案中，网络运维方为每一个连接请求计算两条不共边的路径分别作为工作路径和保护路径，并在两条路径上分配相同的频谱资源，其中工作路径用于传输数据，保护路径用于当发生链路失效时恢复数据传输。当工作路径失效时，保护路径被启用，使得连接不会被打断。

为了提高资源利用率，该方案允许请求之间共享保护资源。若有两条不共边的工作路径，在单链路失效的前提下两个请求不可能同时被打断，在同一时刻，最多只有一个请求需要被恢复。

因此，当两个连接的备用路径经过相同的边，允许它们可以共享一份的备用资源。虽然这种方案具有较高的资源利用率，但是它却拥有较长的错误恢复时间。由于允许资源共享，所有备用路径上的资源仅仅是预留而未进行交换结构的配置，当发生链路失效时，失效链路端节点首先检测到失效并通过信号通知源目的节点，随后再进行中间节点的交换结构配置和传输恢复。这些过程使得恢复过程复杂而缓慢。

（2）由于共享路径保护恢复时延大，一种基于链路的预配置圈保护（p- 圈）方案被提出。在使用 p- 圈的弹性光网络中，运营商为每个请求的工作路径上的每条链路配置 p- 圈，以实现完全保护。

如图 5-18 所示，给出了一个使用 p- 圈保护的例子。工作路径 1-2-5 上的链路 1-2 和 2-5 都由 p- 圈 1-6-5-4-3-2-1 保护。1-2 成为圈上边，当其发生失效时，圈上的 1-6-5-4-3-2 被启用。

边 2-5 虽然不在圈上，但其两个端节点都在圈上，被称为跨边，当其发生失效时，圈上的 2-1-6-5 段被启用。p- 圈既能保护圈上边，又能保护跨边，因此其同样具有很高的资源利用率。

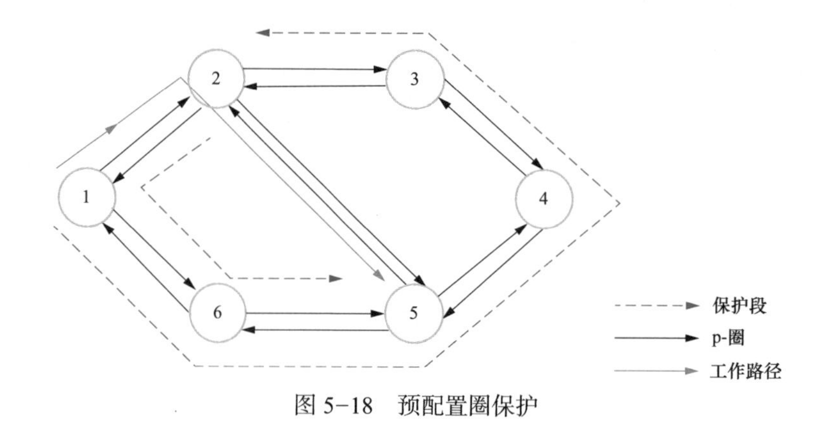

图 5-18　预配置圈保护

同时需要注意到，由于 p- 圈具有局部保护的特性，不仅在 p- 圈预留带宽资源，而且可以在所有 p- 圈上的交换节点实现交换结构的预配置。

当发生链路失效时，失效链路的两个端节点检测到失效并做局部流量切换即可，而不需要复杂的信号通知和中间交换节点的重新配置。因此，基于 p- 圈的保护方案具有快速恢复能力。

在弹性光网络中，由于 p- 圈的保护特点以及假设网络不具备频谱转换能力，p- 圈上预留的资源必须与其所保护的链路上的资源完全一致。

5.4.2　基于带宽挤压恢复的恢复技术

随着弹性光网络技术的不断演进，灵活带宽分配技术得以广泛应用，这极大地提升了光纤频谱的利用率，进而带动了光网络容量的大规模扩展。然而，这种进步同样带来了新的挑战：单根光纤的故障可能导致大量业务的中断。最新的研究报告显示，在实验室环境中，全光 OFDM 信号已经能够实时地产生和进行傅里叶变换，其速率高达 10.8Tbit/s 甚至 26Tbit/s。特别值得一提的是，使用 336 个子载波的 26Tbit/s 全光 OFDM 信号在 50km 的传输距离内表现出了良好的性能。

然而，在当今世界，人类生存环境日益恶化，自然灾害频发，这些因素，加上弹性光网络自身结构的复杂性和地理分散性，使得网络中出现并发多故障的概率显著增加。因此，研究具有多故障抗毁能力的生存性技术成为了当前弹性光网络领域的重点。

无论是自然灾难还是人为灾害，都可能引发多链路故障，导致相应地域的物理节点和链路同时受损，进而造成电网通信网的大规模破坏和业务中断。为确保电力弹性光网络在大规模网络故障发生时的安全性，通常需要采用提供保护路径的结构，即设置与主路径不相交的路径以提供故障保护。然而，这种保护方式在面对能够同时破坏主路径和保护路径的灾难时显得无能为力。

为应对这一挑战，引入了风险共享链路组（SRG）的概念，它指的是由同一灾难引发的一系列故障的相关节点和链路。传统的电力通信网生存性保护技术主要包括单链路专有保护和单链路共享保护。为实现电网数据中心在灾难场景下的生存性，需要进一步发展灾难区域共享保护。这种保护方式使用的波长数量介于单链路共享保护和单链路专有保护之间。尽管单链路专有保护在抵抗多随机链路故障方面表现出更好的生存性，但在现实中，多个非相关链路同时故障的概率较低。相反，由单一灾难引起的相关链路 / 节点同时故障的情况更为常见。因此，灾难区域保护能够为数据中心提供更可靠的抗灾难性保护。

通过智能网络设计合理的内部业务布局，不仅可以在灾难发生时确保网络的生存性，还能满足用户的需求。此外，该模型还可以帮助设计师确定内容备份的最佳数量，以实现最佳的抗毁性能。在网络规划中，选择性的业务备份可以在支持用户需求的同时实现灾难生存性。

传统的弹性光网络生存性研究主要集中在带宽挤压恢复（BSR）机制上。这种机制通过有效提高网络的频谱利用率和恢复成功率来应对网络故障，尤其适用于关键业务。带宽挤压恢复是指在网络故障发生后，当网络中没有足够的空闲频谱资源时，只对原工作路径上的部分重要子载波进行恢复的策略。

举个例子，若从节点 A 到节点 D 有一条 320Gbit/s 的业务，从节点 B 到节点 C 有一条 280Gbit/s 的业务，假设每根光纤中有 400Gbit/s 的带宽容量，此时节点 B 到节点 C 还有 120Gbit/s 的可用的带宽。当链路 A–E 出现故障以后，可以利用 A → B → C → D 这条路由进行恢复，此时路径中带宽需要利用可变的发射机将 320Gbit/s 调制到 120Gbit/s。

调制带宽可变的发射机和带宽可变的光交叉连接设备是实现弹性带宽压缩恢复最关键的两种器件。带宽挤压恢复机制通过提高业务调制阶数的方法，在保证一定的信号质量前提下，减少业务所需要的带宽，达到减少光正交频分复用的子载波数目，降低通道大小从而提高恢复成功率。阶数越高则能够承载的信息越多，传输的频带利用率越高，该方法通过牺牲一定的传输信号质量，有效提高受损业务的恢复成功率，信号质量的降低可以通过差错控制编码等方式进行一定程度的弥补。可见，这种方法减少了业务进行恢复时所需要的频谱资源。

5.4.3 多路径传输中的智能路由技术

多路径传输技术是一种有效应对多故障和自然灾害的网络通信技术。它通过建立多条共享风险不相交的路径，确保在多个故障同时发生时，至少有一条路径能够到达目的地节点，从而保障通信的连续性和可靠性。这种技术的核心在于利用网络的冗余性，通过在不同的物理路径上同时传输数据，实现数据的并行传输和容错能力。当某条路径发生故障时，数据传输可以迅速切换到其他路径上，避免了单点故障导致的通信中断。

带宽挤压恢复是多路径传输技术中的一个重要策略。在网络出现故障且空闲频谱资源不足的情况下，它通过对原工作路径上的部分重要子载波进行恢复，确保关键数据的传输不受影响。这种恢复策略能够最大限度地利用有限的网络资源，提高网络的抗毁能力和恢复效率。

多路径频谱自适应技术则进一步结合了多路径传输和带宽挤压恢复的原理，实现了更加灵活和高效的故障恢复机制。它根据每个业务请求的需求和网络状态，动态地建立多条端到端的路径，并选择最短的路径作为工作路径，其他路径作为备份路径。同时，每条路径都根据自身的长度和网络条件，自适应地选择分配的子载波数目、调制格式和频谱范围，以实现最佳的传输效果。

当一个业务请求抵达弹性光网络时，集中的网络控制器会根据请求的源节点和目的节点，运用 KSP（*K* 条最短路径）算法，为每个业务建立 *K* 条风险不相交的光路。这里的风险不相交，是指在弹性光网络中，任何可能发生的灾难性故障都无法同时影响到这 *K* 条光路。为了达成这一目标，把位于同一灾难影响区域内的节点或链路定义为共享风险链路或共享风险节点，并在路径选择时避开它们。

同时，弹性光网络还具备频谱自适应的能力，可以根据路径的传输距离，自适应地选择最合适的调制格式和子载波格式。这种自适应机制有助于优化信号的传输效率和质量。

多路径频谱自适应的多故障抗毁技术，则是将多路径传输和频谱自适应两种技术有效地结合在一起。通过这种技术，可以为每个业务请求建立多条端到端的路径，这些路径不仅风险不相交，还能根据各自的长度和分配的子载波数目，自适应地选择最佳的调制格式和频谱范围。在这些路径中，我们会选择最短的一条作为工作路径，用于传输业务数据，而其余的路径则作为备份路径，以备不时之需。

通过这种方式，弹性光网络不仅提供了高度的灵活性和可扩展性，还显著增强了网络的抗毁性和可靠性。即使在面临多种故障和灾难性事件的情况下，也能确保业务的连续性和稳定性。

如图 5-19（a）所示电力弹性光网络拓扑，为业务请求 1 建立两条链路不相交的光路分别为 W1 和 B2。其中 W1 作为工作路径，W1 的路由为 1→6→5→

9，采用的调制格式为 BPSK，分配的频谱为 FS1 到 FS4。B2 为备份路径，B2 的路由为 1 → 8 → 3 → 4 → 9，采用的调制格式为 QPSK，分配的频谱为 FS7 到 FS8。如图 5-19（b）所示，W1 和 B2 采用不同的调制格式，调制格式需要根据路由的距离进行自适应的选择，调制格式越高，所能传输的距离越远。

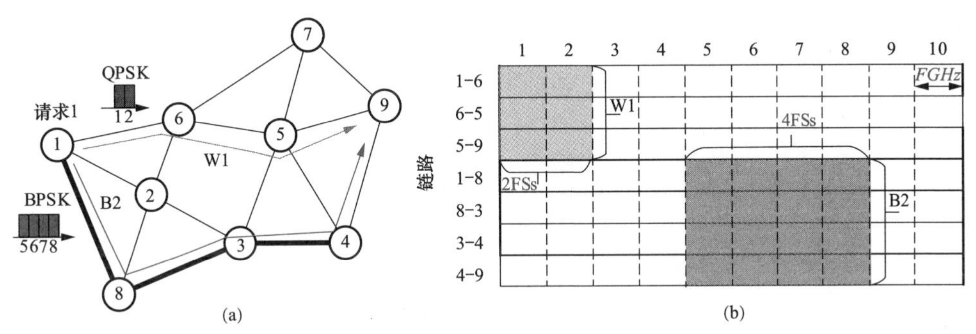

图 5-19 路径频谱自适应多故障抗毁技术

图 5-20 展示了多路径频谱自适应的基本流程。对于每个到达的业务请求，集中式网络控制器首先会利用 KSP（K 条最短路径）算法来计算出 K 条风险不相交的备选路由，并详细记录下每条路由的物理距离。这是为了确保数据传输的可靠性和稳定性。

接下来，集中式控制器会根据每条备选路由的物理距离以及当前业务的粒度，自适应地选择最合适的信号调制格式。这个选择过程至关重要，因为每条路由的物理距离都必须小于所选调制格式的最大传输距离，以确保信号的稳定传输。

业务请求

K条不相交路径计算

否

是

FSs数目和调制格式自适应选择

频谱分配

否

是

结束

图 5-20 多路径频谱自适应基本流程

然后，集中式控制器会根据所选的调制格式和当前业务的粒度，精确计算出所需的频谱片段（FSs）数量。这是为了满足业务传输的带宽需求，并确保网络资源的有效利用。

最后，进行频谱的分配。在这个过程中，必须严格遵守频谱一致性和频谱连续性的约束。频谱一致性确保了在同一条路由上使用的频谱片段是相互兼容的，而频谱连续性则保证了在路由的各个环节中，频谱的使用是连续且不间断的。这两个约束条件的满足，是保障网络性能和数据传输质量的关键。

5.4.4 基于频谱重叠的链路恢复技术

在弹性光网络的传统操作中，每个频谱时隙通常由单一服务独占，这在资源利用方面存在一定的局限性。然而，基于频谱重叠的单链路恢复方法通过允许两个独立的服务共享相同的频谱时隙，有效地打破了这一限制，实现了频谱资源的高效共享。图 5-21 为基于频谱重叠的单链路恢复方法算法伪代码图。

```
    Algorithm— LR-wSO
    Input: G (V, E), FE
    Output: final plan(fp) of FRs
1   update G (V, E)→G_1 (V, E-FE), fail=1
2   For each FR (S, D, B):
3   | rc_00, rc_0, rc=∞, rerouting for FR→ph_p(p=1,2,3...)
4   | For each ph_p:
5   | |if rc_0=x< rc_00 or rc_0=y<x:
6   | | | delete rc_00 , update rc_0=min(x, y), fail=0
7   | |End if
8   | End
9   | KSP for FR→ph_k(k=1,2,3...), c_FRi(S, D, B_i) ∈C_FR
10  |   For each ph_k:
11  |   | For each c_FRi:
12  |   | | if pc_FRi ∩ ph_k ≠∅ and B_n overlap==true:
13  |   | | | calculate rc of ph_k for FR
14  |   | | | if rc=m< rc_0 or rc=n<m:
15  |   | | | | delete rc_00 and rc_0, fp={ ph_k, c_FRi, rc},fail=0
16  |   | | | else continue
17  |   | | else continue
18  |   | End
19  |   End
20  |   if rc_00 =rc_0= rc== ∞:
21  |   | fail=1
22  |   else success
23  End
```

图 5-21 基于频谱重叠的单链路恢复方法算法伪代码图

该方法的关键在于通过先进的信号处理技术和管理策略，确保两个服务在共享频谱时不会相互干扰。通过精确控制光信号的传输参数和调制方式，可以确保它们在共享频谱时隙内的稳定传输，从而充分利用网络资源。当网络中的某条链路发生故障时，基于频谱重叠的恢复方法能够迅速响应。它首先检测故障链路，并识别受影响的服务。然后，它利用共享频谱资源的方式，为受影响的服务寻找替代路径，并重新分配频谱资源，以确保服务的快速恢复。

具体方法为：首先计算故障业务的 k 条最短备用路径（避免路由过长）；然后遍历正在运行的与故障业务具有相同的目的地的业务集合，并判断正在运行的业务与故障业务的路径是否满足条件，例如仅从路径中间的节点重叠到目标节点，或者两条路径完全重叠（每个节点都相同或一个路径是另一个路径的子集）。基于路径重叠，频谱也应该有足够的可用资源重叠。同时，频谱分配需要遵守一致性和连续性规则。在这里，一个频隙可以由同时满足重叠约束的两个请求使用。接下来，如果可以分配频谱，将计算恢复成本值作为当前重叠方案的预计成本。

恢复成本值的计算式为

$$rc = \sum_{n=1}^{q_{\mathrm{E}}} n_{\mathrm{Fs}} \tag{5-9}$$

式中：n_{FS} 为将要分配给故障业务的频隙数；q_{E} 为将要分配给故障业务的恢复路径的所有链路数。

上述过程将重复几次，直到故障请求可能使用的每个最短备选路径和每个正在运行请求被遍历。在每次遍历比较中，选择恢复成本值更小的路径，并保存恢复方案（路由、重叠请求和恢复成本），使用这种方法可以减少恢复成本，进一步节省频谱资源，提高恢复的成功率。

与传统的独占频谱方式相比，基于频谱重叠的恢复方法具有显著的优势。首先，通过共享频谱资源，网络中的可用资源数量得以增加，从而提高了恢复成功的概率。其次，该方法具有更高的灵活性，可以根据实时的网络负载和服务需求进行动态调整，实现资源的最优分配。最后，它还能够降低网络的运营成本，提高整体的网络性能。

需要注意的是，虽然基于频谱重叠的恢复方法带来了诸多好处，但在实际应用中也面临一些挑战。例如，需要设计高效的算法来管理频谱资源的共享和分配，以确保网络的稳定性和性能。此外，还需要考虑如何避免或最小化服务间的干扰问题，以确保传输质量不受影响。

6

原型样机及分布式仿真平台

6.1 带宽可变光交换节点原型样机

6.1.1 灵活栅格选择开关

在传统 ROADM（可重构光分插复用器）设备中，固定栅格 WSS 和 50GHz 的交换粒度是标准配置。然而，随着光通信技术的不断进步，灵活栅格 WSS 技术应运而生，为全光交换节点带来了革命性的变革。灵活栅格 WSS 不仅支持更精细的频谱交换粒度，还能够将多个粒度组合起来进行交换。这意味着它可以根据信号频谱宽度动态分配适当的频谱交换窗口，从而实现频谱资源的高效利用。

样机核心部件 WSS 是由 Finisar 公司开发，具备出色的性能。该 WSS 拥有 10 个端口，包括 1 个通用端口和 9 个交换端口，可配置为 1×9 或 9×1 类型，为构建多维度的全光交换节点提供了坚实基础。工作在 C 波段的这款 WSS，支持高达 384 个最小栅格的交换控制。其工作波长中心频率范围覆盖 191.33～196.14THz，相邻频谱切片间隔仅为 12.5GHz。这一特性使其能够轻松应对子波长和超波长业务，实现频谱资源的灵活调度。无论是 12.5GHz 还是 500GHz 的业务波长带宽，它都能游刃有余地处理。

在输入光信号功率方面，该 WSS 的容忍范围高达 35dB，确保常用的光纤通信信号都能顺畅通过。其插入损耗控制在 2～6.5dB，同时对于过强的光信号，它还能提供最大 20dB 的衰减，确保信号质量的稳定。值得一提的是，这款灵活栅格 WSS 还配备了控制端口，方便使用者进行配置和管理。通过 Finisar 公司提供的控制软件，用户可以轻松查询和设置产品信息、波长选路情况以及波长衰减等关键参数。这为搭建的灵活栅格全光交换节点的数据平面提供了强大的测量和调试工具。

此外，该控制端口采用标准的串口通信协议，为软件开发人员提供了一系列开放的控制接口。这意味着在SDN（软件定义网络）架构下，灵活栅格全光交换节点的控制工作将变得更加便捷和高效。

6.1.2 带宽可变光交换节点结构

利用灵活栅格波长选择开关、耦合器和驱动电路板，设计出的一种高效节点结构如图6-1所示。该节点由两个灵活栅格WSS构成，通过精确控制这两个WSS在不同维度上的波长选路情况，我们能够灵活地建立、删除和调整光连接。

图6-1 基于SDN的灵活栅格全光交换节点结构

在节点启动时，它首先通过输入、输出端口与外部设备建立连接，完成初始化工作，并通过通信端口与控制器实现连接。一旦连接到控制器，控制器就会通过通信端口发送查询、配置等消息，以实现对节点的精确控制。

驱动电路板在接收到来自通信端口的消息后，会进行一系列高效的计算处理，对来自控制器的控制消息进行快速解析和判断。根据处理结果，驱动电路板会精确地调用相应维度上WSS的软件控制接口，执行光连接的建立、删除以及带宽修改等操作。

这种基于SDN的灵活栅格全光交换节点结构，不仅具有高度的灵活性和可扩展性，而且能够实现对光连接频谱带宽大小的动态调整。通过增加或减少相应维度上的灵活栅格WSS所允许通过的波长数量，我们可以轻松地调整光连接的带宽，以满足不同应用场景的需求。

此外，该节点结构中的各个硬件部件紧密配合，协同工作，确保节点的稳定、高效运行。无论是在数据传输速度、处理效率还是可扩展性方面，这种基于SDN的灵活栅格全光交换节点结构都展现出了卓越的性能和巨大的潜力。

6.1.3　南向接口模块

驱动软件的南向硬件接口模块主要负责与灵活栅格 WSS 的通信工作。该 WSS 设备通过串行控制接口与外部通信，按照接口规范发送特定的字节流，可以实现 WSS 的波长配置、波长状态查询等核心功能。

在实际应用中，两个灵活栅格 WSS 设备分别与控制电路板上的串口相连接。为了建立与这些 WSS 设备的通信连接，首先需要打开相应的串口。这一过程可以通过编程实现，确保程序能够正确地连接到模块的串行端口。值得一提的是，使用 Finisar 附带的 Tera Term 软件，可以方便地实现对串口的命令发送和接收。

在打开串口之后，还需要对串口的状态信息进行设置。这些设置参数包括通信速率、数据位大小、停止位、奇偶校验位以及流控制等。这些参数的具体值应根据灵活栅格 WSS 的控制接口属性来确定，以确保通信的稳定性和准确性。完成串口状态设置后，驱动软件就能够与 WSS 设备建立起可靠的通信连接。

此外，在节点启动过程中，还需要配置通信双方的 IP 信息和控制器 IP 信息。这样可以确保节点能够发现控制器，并与控制器建立起 UDP 连接。在由样机节点组成的网络中，用户终端 1 和用户终端 2 被分配了不同的 IP 地址和相关信息。这些配置信息在节点样机首次启动时需要进行手动配置，并保存在本地数据库中。在后续启动过程中，节点样机可以直接使用已保存的配置信息，无需再次进行手动配置。如果需要对节点或控制器的 IP 地址等信息进行变更，只需对相关信息进行重新配置即可。

串行接口使用特定的命令和（可选的）参数来指定指令，并在 WSS 和主机之间传递信息。关闭 Tera Term 软件将断开与串口的连接。为了方便对 WSS 设备的控制，采用编程文件对样机进行连接和控制。在图 6-2 中展示了接口的设置情况，其中 fd1 和 fd2 分别连接了样机的两个控制接口。通过这种方式，可以实现对 WSS 设备的灵活控制和监控。

```
ws = 1;
ld = 40;
fd1 = create_serialcom("/dev/ttyUSB0");
fd2 = create_serialcom("/dev/ttyUSB1");
fd3 = create_serialcom("/dev/ttyUSB2");
fd4 = create_serialcom("/dev/ttyUSB3");
```

图 6-2　接口的设置

最后，图 6-3 展示了通过编程 C 文件对接口进行控制的效果。可以看到，通过发送相应的命令和参数，可以实时地获取 WSS 设备的状态信息，并对其进行配置和操作。这为我们的应用提供了极大的便利性和灵活性。

```
d@d-virtual-machine: ~/WSSINIT
文件(F) 编辑(E) 查看(V) 搜索(S) 终端(T) 帮助(H)
mzz1 size is size_1=4mzz2 size is size_2=4no change
mzz1 size is size_1=4mzz2 size is size_2=4no change
mzz1 size is size_1=4mzz2 size is size_2=4no change
mzz1 size is size_1=4mzz2 size is size_2=4no change
mzz1 size is size_1=4mzz2 size is size_2=4no change
mzz1 size is size_1=4mzz2 size is size_2=4no change
mzz1 size is size_1=4mzz2 size is size_2=1   Start
command: UCA 40,1,0.0
command: RCA?
return string: SFD
OK
UCA 40,1,0.0
OK
RCA?
1,99,99.9;2,99,99.9;3,99,99.9;4,99,99.9;5,99,99.9;6,99,99.9;7,99,99.9;8,99,99.9;
9,99,99.9;10,99,99.9;11,99,99.9;12,99,99.9;13,99,99.9;14,99,99.9;15,99,99.9;16,9
9,99.9;17,99,99.9;18,99,99.9;19,99,99.9;20,99,99.9;21,99,99.9;22,99,99.9;23,99,9
9.9;24,99,99.9;25,99,99.9;26,99,99.9;27,99,99.9;28,99,99.9;29,99,99.9;30,99,99.9
;31,99,99.9;32,99,99.9;33,99,99.9;34,99,99.9;35,99,99.9;36,99,99.9;37,99,99.9;38
,99,99.9;39,99,99.9;40,1,0.0;41,99,99.9;42,99,99.9;43,99,99.9;44,99,99.9;45,99,9
9.9;46,99,99.9;47,99,99.9;48,99,99.9;49,99,99.9;50,99,99.9;51,99,99.9;52,99,99.9
;53,99,99.9;54,99,99.9;55,99,99.9;56,99,99.9;57,99,99.9;58,99,99.9;59,99,99.9;60
,99,99.9;61,99,99.9;62,99,99.9;63,99,99.9;64,99,99.9;65,99,99.9;66,99,99.9;67,99
,99.9;68,99,99.9;69,99,99.9;70,99,99.9;71,99,99.9;72,99,99.9;73,99,99.9;74,99,99
```

图 6-3　控制效果展示

6.1.4　样机功能测试

节点样机搭建阶段的核心任务是将精心设计的硬件结构、控制方法和控制协议转化为实际的物理设备。为此，可将灵活栅格波长选择开关、耦合器、控制电路板以及供电电源等关键组件巧妙地封装在一个坚固的节点机箱内。

机箱的设计充分考虑了实用性和美观性，如图 6-4 所示，前面板宽 40cm、高 24cm，纵深 65cm，不仅提供了充足的内部空间，还确保了良好的散热性能。四个维度的光接口整齐地排列在前面板上，采用通用的 LC 接口类型，便于与其他光交换设备无缝连接。而电源接口、配置端口以及与控制器通信的控制端口则位于机箱背部，使得供电和控制操作更加便捷。

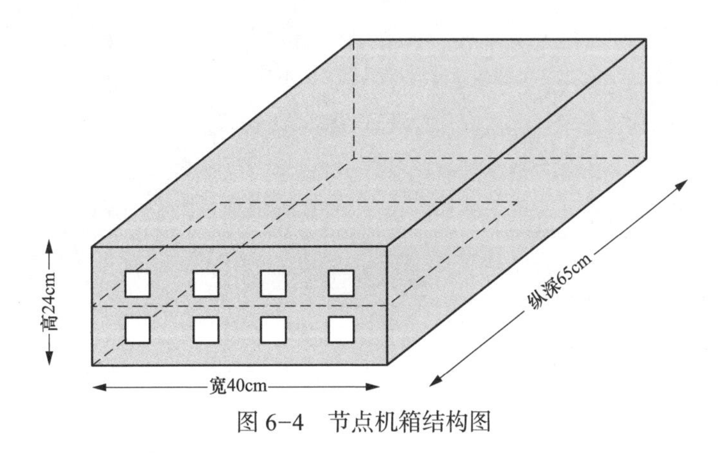

图 6-4　节点机箱结构图

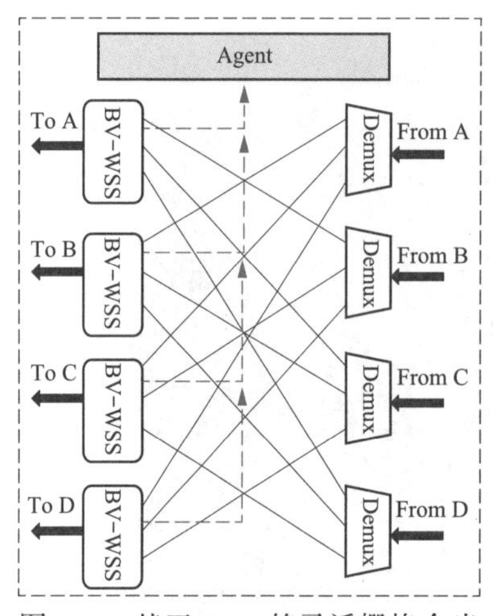

图 6-5　基于 SDN 的灵活栅格全光交换节点样机逻辑结构图

机箱内部布局合理，一个位于高度 12cm 处的 35cm 长夹层将前半部分巧妙地分为上下两层。每层各自安置了两个灵活栅格 WSS 和耦合器，这样的设计既节省了空间，又保证了光信号的稳定传输。而在机箱的后半部分，电源模块、控制电路板以及各种线路被有序地安置，确保了整个系统的稳定运行。

基于软件定义网络（SDN）的灵活栅格全光交换节点实验样机的逻辑结构如图 6-5 所示。

如图 6-6 所示，使用宽谱白光作为测试光源，验证了节点在不同子波长宽度（12.5GHz、25GHz、37.5GHz、50GHz）下的性能表现。实验结果显示，该节点对以 12.5GHz 为最小粒度的频谱精细化操作具有出色的性能。

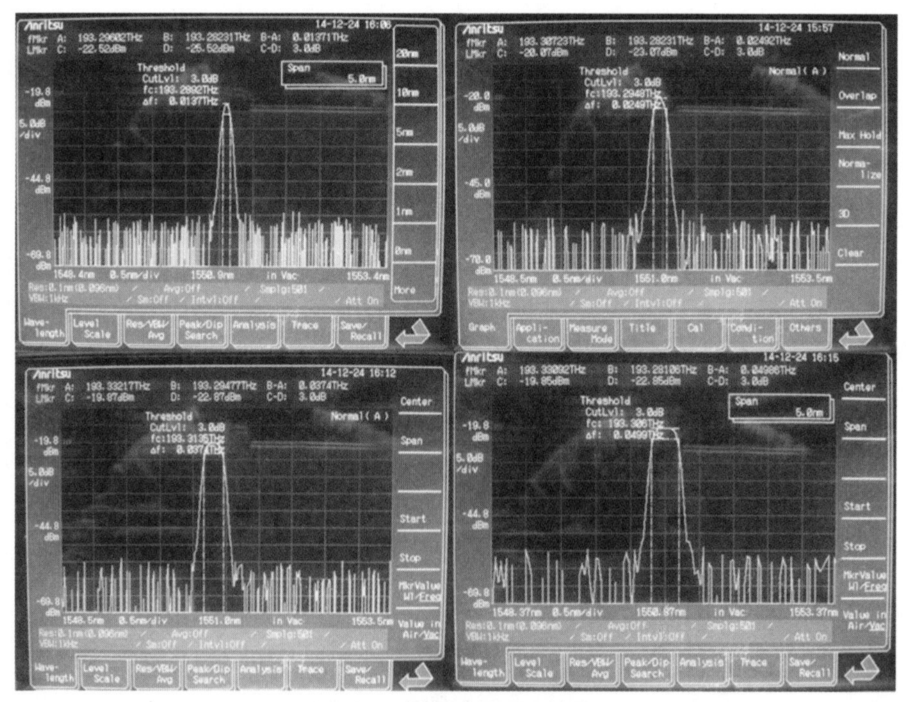

图 6-6　样机功能测试结果

6.2 分布式仿真平台

6.2.1 平台架构

为实现大容量弹性光网络在传送层、控制层和应用层的高效运作，构建如图 6-7 所示的分布式仿真平台架构。该平台由 ONOS 前端数据处理与展示、ONOS 内核算法、南向网元配置以及 WebSocket 数据流四大核心组件构成。

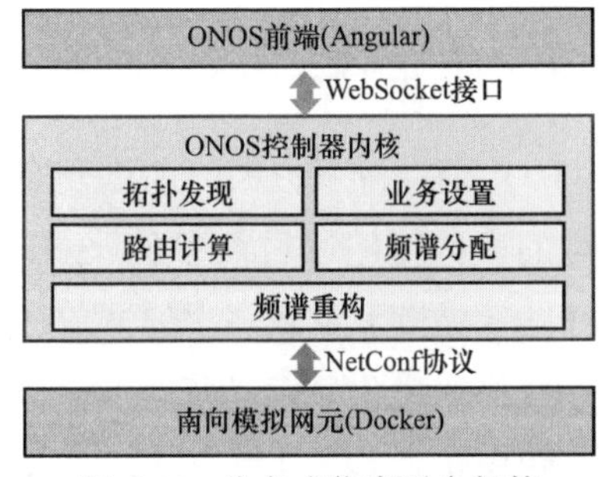

图 6-7 分布式仿真平台架构

在传送层，利用 Docker 技术加载虚拟网元节点，以模拟实际网络环境中的弹性光网络网元。这些虚拟节点具备控制代理功能，能够抽象网元资源，向控制器提供实时的资源和状态信息，并执行来自控制器的操作指令。这种设计可以在半实物仿真环境中验证网络功能，为实际部署提供有力支持。

在控制层，采用 ONOS 作为核心组件。ONOS 具备全局网络视图，能够集中管理网络中的所有设备，并将整个网络虚拟化为一个资源池。它根据用户需求和全局网络拓扑，动态、灵活地分配资源。同时，ONOS 提供开放的北向接口和南向接口，使得应用层可以方便地接入和控制网络资源，而物理层设备则可以通过标准的南向协议与控制器进行通信。这种集中式的控制方式以及控制平面与数据平面的分离设计，为网络管理员带来了极大的便利性和灵活性，降低了硬件对网络架构的限制，使得架构调整或升级变得更加容易且成本更低。

在应用层，考虑了电信公网业务和电力专网业务的多样化需求。通过开放的北向接口（RESTful 接口），不同的应用程序可以实现业务的灵活、快速接入，实现了带宽按需分配（BoD）、频谱重构（BD）以及跨域多业务承载等应用，以满足光网络在承载多样化业务方面的需求。这些应用充分利用了 SDN 的开放性和灵活性特点，使得光网络具备强大的业务编排能力，能够更好地适应未来网络业务的发展趋势。

此外，仿真平台架构中的 WebSocket 数据流是实现前端与控制器内核交互的关键组件。用户可以在前端界面提供的交互栏进行业务的设置和功能命令的下发，控制器内核部分接收到前端的请求后，执行相应的拓扑发现、业务设置等算法。然后，将执行结果通过 WebSocket 接口发送回前端，前端对数据进行解析后进行展示。这种设计使得用户可以实时地查看和控制网络状态，提高了网络的可用性和可维护性。

综上所述，构建的分布式仿真平台架构具备传送层弹性、控制层智能和应用层开放等特点。通过虚拟网元节点、ONOS 以及开放的北向接口等关键技术的运用，实现了对网络资源的灵活管理和控制，满足了多样化业务需求。

6.2.2 前端实现

（1）前端开发方案。前端开发方案基于 Angular7 框架，这是一个以 JavaScript 编写的库，能够通过简单的 <script> 标签轻松地集成到 HTML 页面中。Angular7 为开发者提供了更高层次的抽象，极大地简化了应用开发的复杂性。

（2）图形化显示功能。为了实现弹性光网络拓扑效果显示、网络频谱资源显示等图形化功能，引入了 ECharts 插件。ECharts 是一款功能强大的数据可视化图表库，它基于 JavaScript，提供了丰富、直观、可交互的图表展示方式。无论是 PC 还是移动设备，ECharts 都能流畅运行，并且兼容当前主流浏览器。

（3）单页面 Web 应用。控制器的 UI 显示设计为单页面 Web 应用程序，这使得用户在使用时能够获得更加流畅的体验。整个前端项目的构建基于 Angular 架构，这为我们后续的项目开发奠定了坚实的基础。

（4）应用包开发。在前端开发过程中，首先根据控制系统的需求开发了一个应用包。这个应用包包括控制器的北向接口开发和前端界面显示开发两部分，它们共同构成了控制器与前端展示的桥梁。通过对应用包内部的配置文件进行添加和配置，成功地在控制台编译了该应用包。

（5）路由导航。为了在控制平面的路由导航下添加新应用的路由导航，需要在控制器内部进行相应的启动配置。这样，用户就可以通过简单的操作访问到新的应用界面。

（6）平台部署。在平台部署方面，首先将 ECharts 插件引入到控制系统内部，并配置了控制器的架构文件，确保能够按照正确的路径调用插件资源。随后，在搭建好的前端环境下，编写了 TypeScript 代码，实现了前端所设计的界面及功能需求。

（7）数据交互。前端展示的数据主要来源于后端通过北向协议发送的信息。这些数据包括拓扑图以及频谱信息等，控制器内核在获取到南向配置的网络拓扑信息后，会将这些信息发送到前端。前端在接收到数据后进行解析，并以图表的形式展示出来，如拓扑链路上的频谱占用情况等。

6.2.3 控制器内核

平台采用开放的网络操作系统作为控制器。如图 6-8 所示，ONOS 的系统架构从下到上依次为设备（网元）层、协议层、提供者、南向 API、核心层、北向 API 和应用层。应用模块通过北向接口与控制器核心进行交互，实现各种特定功能。核心层涵盖设备管理、边缘主机管理、拓扑管理、数据流管理和网络意图管理等核心功能。底层则通过南向协议与基础设备进行交互，获取基础拓扑信息并向核心层报告。同时，一些提供商接收来自核心层的控制命令，并将其应用于基础网络。

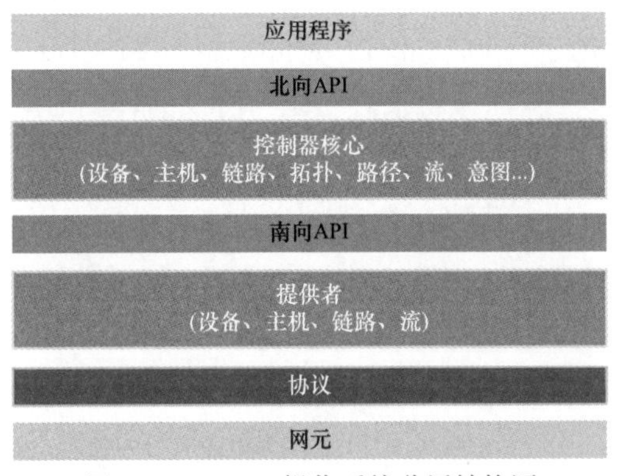

图 6-8 ONOS 操作系统分层结构图

在 ONOS 中，控制器内核部分负责网络拓扑元素的处理、仿真业务的模拟承载、带宽按需调整以及频谱重构等功能的实现。具体包括节点处理、链路处理、网络拓扑状态存储、频谱资源处理、业务产生与存储以及业务承载等关键流程。这些流程通过调用 ONOS 的各种服务，如 deviceStore 服务和 linkService 服务，获取并处理南向推送的节点和链路信息，构建网络拓扑，实现频谱资源的分配和业务的路由与资源分配。

此外，ONOS 还具备带宽按需调度算法和频谱重构算法等高级功能。带宽按需调度算法可以根据业务需求动态调整带宽资源，提高网络资源的利用率。而频谱重构算法则可以在网络状态清空后重新进行频谱分配，有效减少频谱碎片，提升网络性能。

总的来说，开放网络操作系统（ONOS）作为新一代 SDN 控制器，具有开放、灵活、可靠的特点和强大的功能。

6.2.4 南向网元配置

南向抽象层由一系列网络组件（如设备和链接）构成，它是控制器与网络设备之间的桥梁。在这个抽象层中，每个网络组件都被表示为通用格式的对象，使得分布式核心能够维护这些组件的状态，而无需深入了解底层设备的具体细节。这种网络组件的抽象化处理方式不仅简化了网络管理，还支持以可插拔的形式添加新设备和协议，从而轻松实现系统的扩展。

南向接口是控制器与网络设备之间的通信渠道，它允许控制器使用不同的协议来控制多个设备。在这个接口的最底层，是实际的网络设备。控制器通过特定的协议与这些设备进行连接，而协议的详细信息则被网络组件的插件或适配器所屏蔽。这种设计使得分布式核心能够通过适配层 API 与网络组件对象的状态保持同步，同时又将核心功能与协议的详细信息和网络组件的具体实现隔离开来。

本平台的南向网元配置功能主要包括 NetConf 协议处理、虚拟节点发现以及节点信息读取三大模块。其中，弹性光网络 Driver 能够根据 Yang 文件规定的虚拟节点信息条目，发现通过 netcfg 函数加载的节点和链路。这些节点和链路随后由脚本生成对应的配置信息，再交由 NetConf 协议接口进行数据解析和推送，最终在平台前端展示出来。

为了实现虚拟化网元的配置，采用 Docker 容器作为南向网元的承载实体。Docker 是一个开源的应用容器引擎，它能够将弹性光网络节点的基本信息和接口打包成一个可移植的容器。通过批量加载这些容器到软件设备列表中，可以快速实现虚拟化网元的配置和部署。同时，利用脚本文件批量生成 Docker 南向虚拟网元对应的网络配置信息，并通知平台获取各节点的配置信息表，进一步提高了配置效率。

6.2.5 WebSocket 工作流

在控制器体系结构中，存在着两个重要的北向抽象层，即意图框架与全局网络视图。意图框架通过掩盖服务操作的复杂性，使得应用程序能够在不了解具体服务操作细节的情况下，从网络中请求所需服务。这种设计不仅简化了网络运营商和应用程序开发人员的工作，还允许他们进行更高级别的编程操作。意图框架负责处理所有来自应用程序的请求，判断哪些请求可以被满足，解决不同应用程序之间的冲突，执行管理器的策略，为网络编程提供所需的功能，并最终将请求的服务交付给应用程序。

与此同时，全局网络视图为应用程序提供了一个全面的网络视图，其中包括设备和网络相关的各种状态参数。通过应用程序接口（APIs），应用程序可以对网络视图进行编程，从而实现对网络状态的实时掌握和灵活控制。

在本平台开发中，北向协议采用了 WebSocket 协议。ONOS 提供了实现 WebSocket 的 WebSocketService 方法，软件的前后端通信正是基于这一 WebSocket 协议进行的。前端（即客户端）通过调用 ONOS 的 WebSocketService 对象的

sendEvent（ ）方法，发送与后端（即服务器端）协调一致的字符串信息到后端。

当控制器内核（服务器端）收到来自前端（客户端）的请求事件时，它会通过定义一个继承自 RequestHandler 的私有内部类来处理这些请求。这个内部类定义了一个由子类实现的抽象 process（ ）方法。一旦从前端收到以”...Request”结尾的事件，就会自动调用这个 process（ ）方法进行处理。在处理完毕后，服务器端可以通过手动调用 sendmassage（ ）方法来发送响应信息给客户端。

前端（客户端）在收到控制器内核（服务器端）的响应后，会执行相应的 bindHandlers 中的函数。在这些函数中，可以对接收到的信息进行进一步的处理和操作，以满足应用程序的需求。这种前后端通信的机制确保了信息的准确传递和及时处理，为整个系统的稳定运行提供了有力支持。

此外，通过意图框架和全局网络视图的结合使用，本软件能够实现更加智能和高效的网络管理和控制。意图框架使得应用程序能够以更高级别的方式请求网络服务，而全局网络视图则为应用程序提供了全面的网络状态信息。这种设计不仅提高了网络管理的灵活性和可扩展性，还降低了网络运营的复杂性和成本。

7

示 范 应 用

在北京邮电大学信息光子学与光通信国家重点实验室（IPOC）的严格测试下，仿真软件和原型样机的各项功能均表现优异，软硬件联合调测也顺利完成。实验结果显示，本书介绍的带宽可变光交换节点原型样机以及分布式仿真平台能够高效实现业务承载、带宽按需调度以及频谱重构等核心功能。

然而，鉴于实际网络环境的复杂性和多样性，包括业务种类的丰富性、设备类型的差异性等因素，需要在实验室测试验证的基础上，进一步在实际环境中进行应用验证。因此重点关注样机与现网设备的接口互通性、网络兼容性以及关键功能的实现效果等方面。

在运营商公网的示范应用方面，将针对公网业务流量在不同时间段的分布不均和动态变化现象，即潮汐流量现象，验证带宽按需分配功能的有效性和实用性。

在专网示范验证方面，将重点关注电力通信专网业务的特点和挑战。电力通信专网业务通常以不同粒度的业务为主，这些业务承载在刚性管道中，导致管道资源容量与业务实际占用之间存在不匹配的问题。现有的波分设备提供的传输管道固定为50GHz频率，这使得小颗粒业务传输时存在频谱资源浪费，而大颗粒业务传输时则面临频谱资源不足的问题。这种刚性管道机制限制了光纤频谱资源的最大化利用。针对这一问题，在现场应用验证两个方面内容，① 原型样机与现网设备的接口通信能力和跨域业务传输能力；② 更细粒度频谱交换功能以及链路故障情况下业务重路由能力方面的表现。通过这些应用验证工作，期望为电力通信专网业务的高效传输和资源优化利用提供有力支持。

7.1 运营商公网示范应用

7.1.1 现场应用环境

在现场建立的实物连接结构如图 7-1 所示，具体包括控制平台设备（PC/ 服务器）1 台，用于对整个系统进行集中控制和管理，包括配置设备参数、监控设备状态等；智能光传送设备（华为 OptiX OSN 8800）2 台，负责数据的高速传输和处理；带宽弹性可变光交换节点原型样机 1 台，用于实现灵活的光交换功能，以满足不同带宽需求的应用场景；光谱仪 1 台，用于对光信号进行测试和分析，以确保系统的传输质量符合要求。

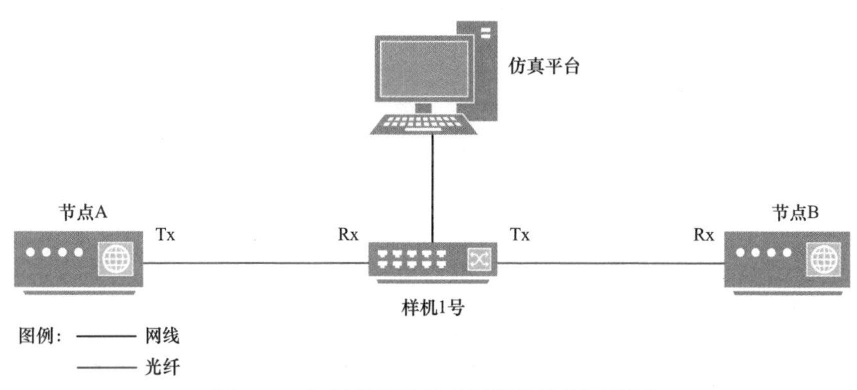

图 7-1 公网现场示范应用实物连接示意图

7.1.2 网络环境配置

节点加电启动后，配置通信双方的 IP 信息以及控制器的 IP 信息，建立节点设备与控制器的连接。打开并启动软件平台，检查并设置硬件配置代理。节点 A 经调制产生业务流信号，该业务流信号所在波长为 C 波段，所承载波长信道为 $\lambda_1 \cup \lambda_2$，业务流带宽为 100GHz（λ_1 和 λ_2 均为 50GHz）。

7.1.3 现场应用测试情况

测试内容：带宽按需分配。

测试过程：节点 A 经调制产生业务流的光信号，所承载波长信道为 $\lambda_1 \cup \lambda_2$，业务流带宽共 100GHz，沿节点 A 的 Tx 端口输出至原型样机，软件平台通过控制器下发指令至原型样机节点，配置其接收端口 Rx 处输入信号带宽为 100GHz，在

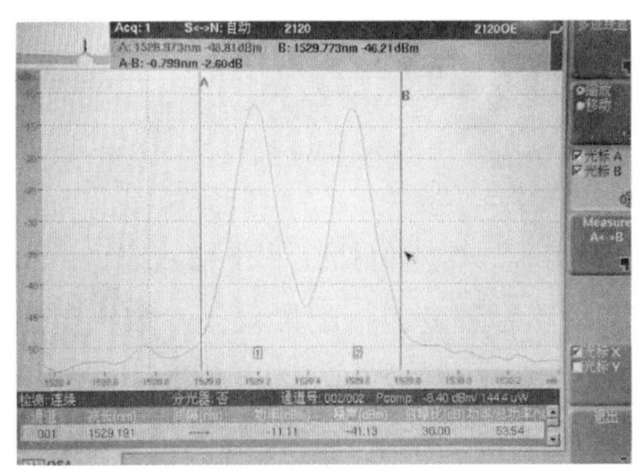

图 7-2　节点 A 发出的 100GHz 带宽信号波形 $\lambda_1 \cup \lambda_2$

样机 Rx 端口处能够接收到 $\lambda_1 \cup \lambda_2$ 波形信号，为 100G 带宽波形，符合预期的站点 A 输出效果，如图 7-2 所示。

在样机 Tx 端口处可观察业务流信号波形情况。光谱仪显示如图 7-3 所示，在原型样机未打开 Tx 端口时无信号，而在原型样机由控制器控制而打开端口后发出正常的 100GHz 信号波形 $\lambda_1 \cup \lambda_2'$，如图 7-4 所示，波形与 $\lambda_1 \cup \lambda_2$ 一致。

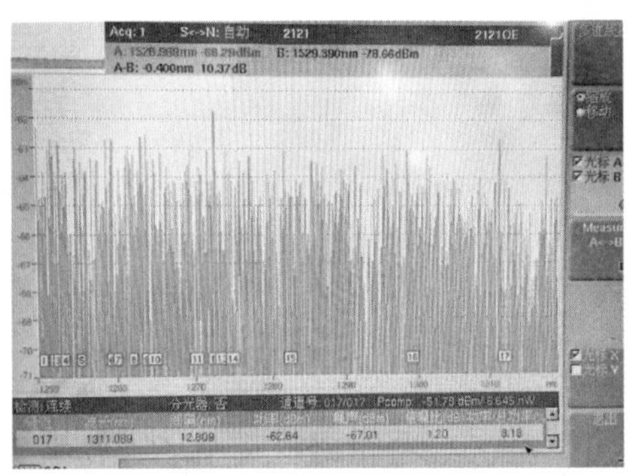

图 7-3　原型样机打开 Tx 端口前节点 B 接收的信号波形

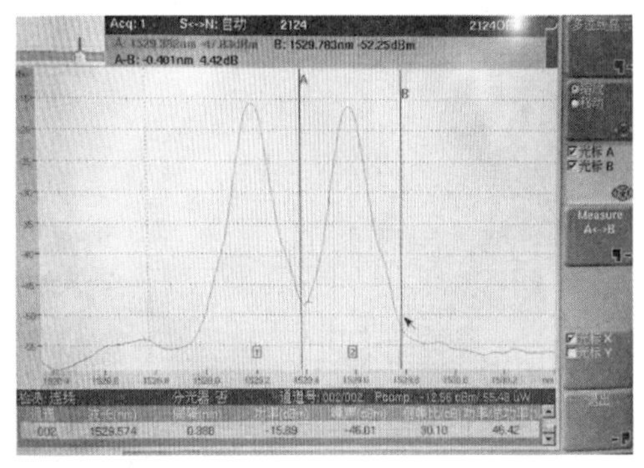

图 7-4　原型样机打开 Tx 端口后节点 B 接收的信号波形 $\lambda_1 \cup \lambda_2'$

为实现带宽按需分配功能，在业务流信号传输一段时间后，在软件平台上，通过控制器下发指令至原型样机节点，配置其端口设置，调整从样机节点输出的信号带宽为 λ_1 所在 50GHz 波长信道（业务流信号左侧频谱）。在节点 B 的 Rx 端口处可观察业务流信号波形情况，如图 7-5 所示。

由图可见，节点 B 可以接收到正常的 50GHz 信号波形 λ_1'，波形与原波形信号的 λ_1 一致，带宽按需调度功能实现效果良好。

同样，通过控制器下发指令至原型样机节点，配置其端口设置，调整从样机节点输出的信号带宽为 λ_2 所在 50GHz 波长信道（业务流信号右侧频谱）。在节点 B 的 Rx 端口处可观察业务流信号波形情况，如图 7-6 所示。

由图 7-6 可见，节点 B 可以接收到正常的 50GHz 信号波形 λ_2'，波形与原波形信号的 λ_2 一致，带宽按需调度功能实现效果良好。

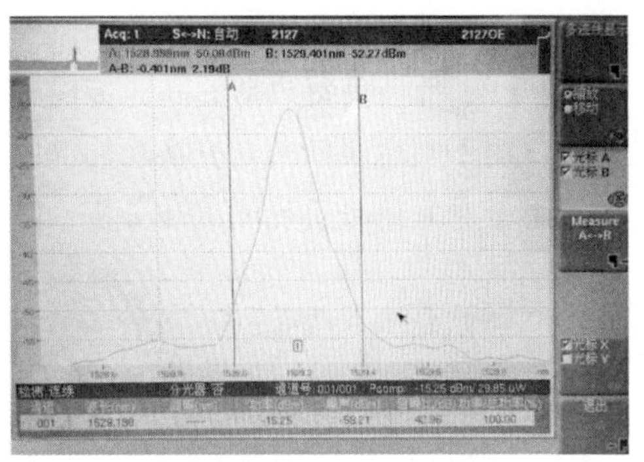

图 7-5　带宽分配后节点 B 接收的信号波形 λ_1'

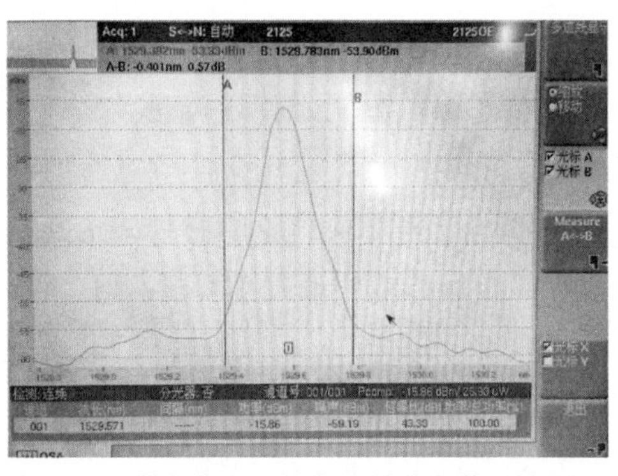

图 7-6　带宽分配后节点 B 接收的信号波形 λ_2'

综合来看，由节点 A 所发出的带宽为 100GHz 的光波形信号 $\lambda_1 \cup \lambda_2$ 既可以被灵活地调整为 λ_1 所在的 50GHz 带宽信号，也可以被调整为 λ_2 所在的 50GHz 带宽信号。实际应用中，用户信号可以按需设定其所需要的带宽和中心波长。

7.2　电力通信专网示范应用

7.2.1　现场应用环境

在现场建立的实物连接结构如图 7-7 所示，具体包括控制平台设备（PC/

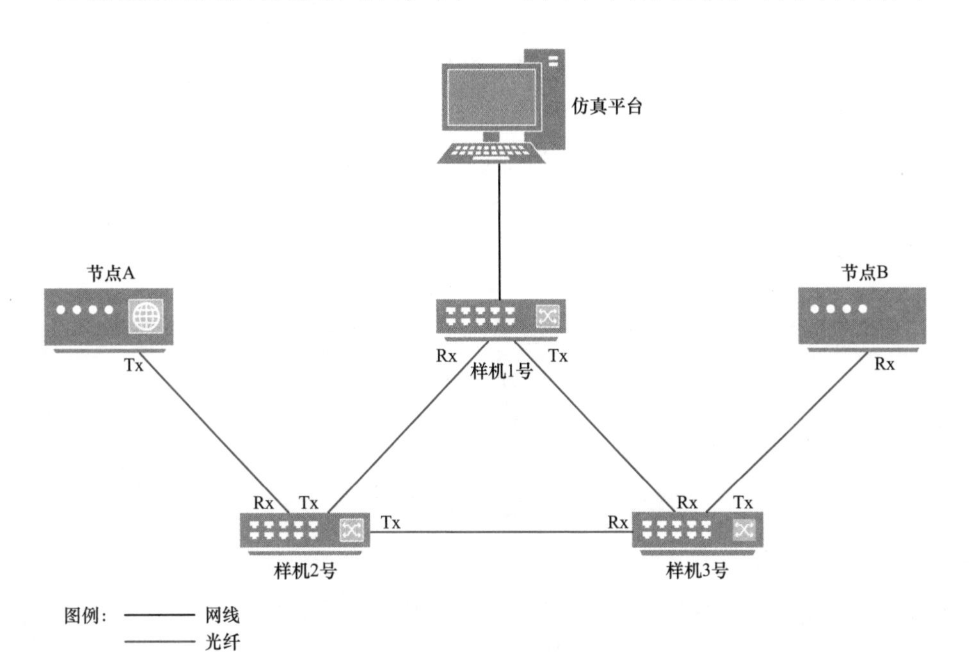

图 7-7　专网现场示范应用实物连接示意图

服务器）1 台，用于对整个系统进行集中控制和管理，包括配置设备参数、监控设备状态等；智能光传送设备（NARI-RG-2000）2 台，负责数据的高速传输和处理；带宽弹性可变光交换节点原型样机 3 台，用于实现灵活的光交换功能，以满足不同带宽需求的应用场景；光谱仪 1 台，用于对光信号进行测试和分析，以确保系统的传输质量符合要求。

7.2.2 网络环境配置

节点加电启动后，配置通信双方的 IP 信息以及控制器的 IP 信息，建立节点设备与控制器的连接。打开并启动软件平台，检查并设置硬件配置代理，点击软件前台所设置的按钮，可下发指令至原型样机更改端口配置。运行状态下，默认节点 A 业务波长信号 λ_1（50GHz）在 2 号样机—3 号样机链路进行承载。

7.2.3 现场应用测试情况

（1）测试内容 1：频谱重构。

测试过程：在业务路径不改变的场景下，测试单业务的频谱重构功能，即承载波长由波形信号 λ_1 至波形信号 λ_2。软件平台通过控制器下发指令至原型样机 2 号节点，配置信号由输出 λ_1 切换至输出 λ_2，完成频谱重构并在 3 号样机的 Rx 端口观测接收情况。

如图 7-8 和图 7-9 所示，随着频谱重构命令的下发，由于信号的频谱被调整，光谱仪显示的波形不再对称。带宽和中心频率均受到了影响而发生变化，当衰减到达 −55dbm 时，取样点 A 和 B 之间的波形带宽发生了减小。图 7-9 中的波形不对称，中心频率与波峰发生偏离。波形频谱发生调整，业务路径不变时的频谱重构功能测试通过。

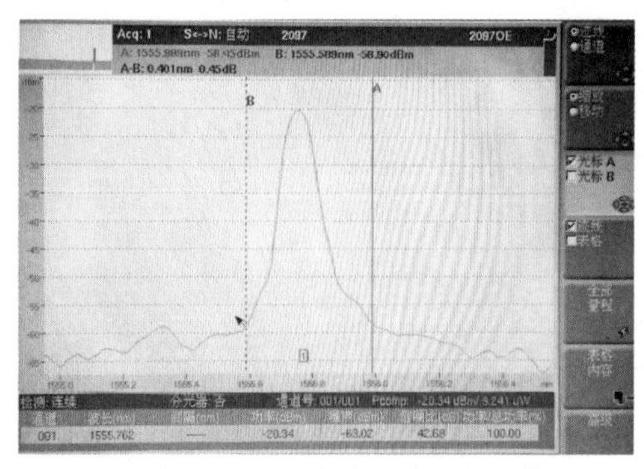

图 7-8　样机 2 号节点输入的业务流信号 λ_1

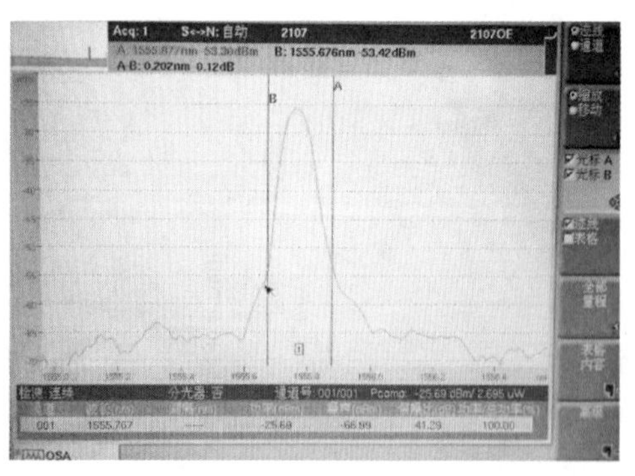

图 7-9　样机 3 号节点输入的业务流信号 λ_2

（2）测试内容 2：业务重路由。

测试过程：通过引入故障，样机 2 号节点—样机 3 号节点之间的链路中断，在样机 3 号节点的 Rx 端口监测波形接收情况。软件平台通过控制器下发指令使样机 2 号节点的 Tx 端口切换至样机 1 号节点的 Rx 端口，同时并行下发指令开通样机 1 号节点—样机 3 号节点的业务链路，原中断业务经样机 2 号节点—样机 1 号节点—样机 3 号节点链路继续传输。

引入故障后，原链路在样机 3 号节点的 Rx 端口无法观察到波形信号，如图 7-10 所示，在节点 B 无法解调出业务信号流。软件平台通过控制器下发指令后，受影响业务的传输链路调整至 2 号样机—1 号样机—3 号样机路径，在 3 号样机对应该路径的 Rx 端口处能够监测到业务信息，如图 7-11 所示，业务光信号在新的路径上正常传输，实现效果良好。

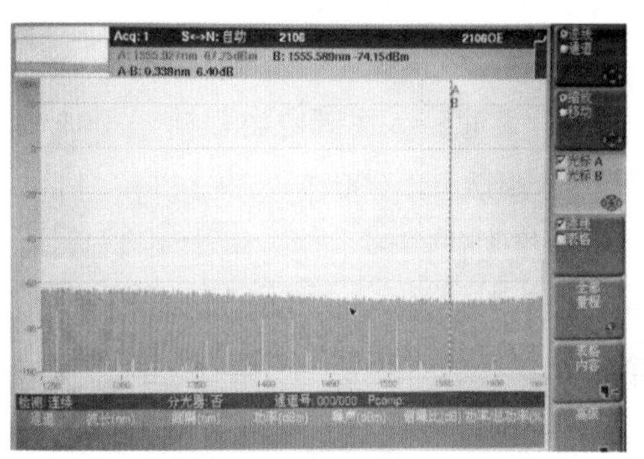

图 7-10　原链路在样机 3 号节点的 Rx 端口无光信号

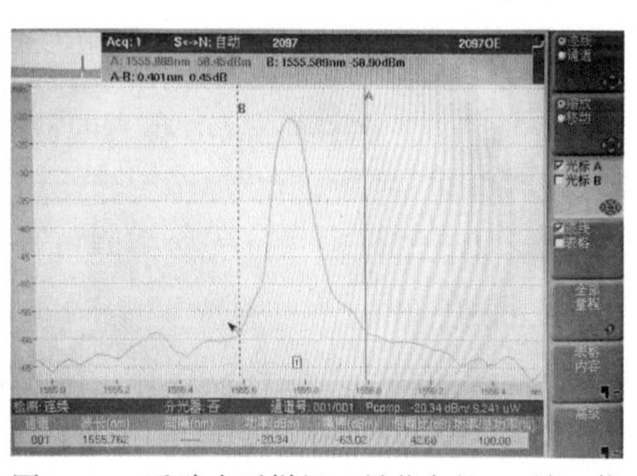

图 7-11　重路由后样机 3 号节点的 Rx 端口信号波形

参考文献

［1］原荣．光纤通信技术［M］．北京：机械工业出版社，2011．

［2］高军诗，沈艳涛，王云，等．光纤通信技术与应用［M］．北京：人民邮电出版社，2014．

［3］王锐．光纤通信技术发展特点及现状［J］．科技广场，2011，(07)：76–78．

［4］黄海清，李维民．光通信的发展历程［J］．自然辩证法通讯，2010，32(01)：57–62，127．

［5］肖萍萍，吴健学．SDH 原理与应用［M］．北京：人民邮电出版社，2008．

［6］张宝富．全光网络［M］．北京：人民邮电出版社，2002．

［7］张明，王建国．电力通信网可靠性研究及优化措施［J］．电力系统通信，2022，43(1)：1–6．

［8］李娜，刘洋．基于 SDN 的电力通信网架构设计及关键技术研究［J］．电力信息与通信技术，2021，19(12)：12–18．

［9］王强，张帆．电力通信网中 OTN 技术的应用及网络优化［J］．通信技术，2020，53(11)：2824–2828．

［10］鲁双贵，孙严智，罗海林，等．弹性光网络中频谱碎片整理分析［J］．长江信息通信，2021，34(10)：166–170．

［11］许志敏，韩禄．空分复用弹性光网络介绍与分析［J］．电子世界，2020，(19)：64–67．

［12］王峰，刘旻钰，郁小松，等．智能弹性光网络中基于碎片化指数的频谱重构算法研究［J］．光通信研究，2024，1–7．

［13］卢薇．弹性光网络中面向应用的宽带资源分配与调度算法研究［D］．合肥：中国科学技术大学，2016．

［14］施达雅，余庚．弹性光网络中碎片问题的研究［J］．光通信技术，2018，42(02)：16–19．

［15］张翠翠，王汝言，吴大鹏，等．弹性光网络中基于流量感知的动态路由与

频谱分配算法［J］. 电子学报，2018，46（6）：1323-1330.

［16］ 蒋昊，赵太飞. 弹性光网络中的多目标路由与频谱分配算法［J］. 光通信技术，2019，43（1）：23-26.

［17］ 高军萍，王健. 弹性光网络中的生存性路由与频谱分配算法研究［J］. 通信技术，2020，53（3）：614-619.

［18］ 刘伟，纪越峰，黄善国. 弹性光网络中频谱资源优化与管理研究［J］. 通信学报，2017，38（1）：115-121.

［19］ CHRISTODOULOPOULOS K,TOMKOS I., VARVARIGOS E. Elastic bandwidth allocation in flexible OFDM-based optical networks［J］. Journal of Lightwave Technology, 2011, 29（9）：1354-1366.

［20］ ZHU Z Q, LU W, ZHANG L, et al. Dynamic service provisioning in elastic optical networks with hybrid single-/multi-path routing［J］. Journal of Lightwave Technology, 2013, 31（1）：15-22.

［21］ LIU Y, HE R X , WANG S C , et al. Temporal and spectral 2D fragmentation-aware RMSA algorithm for advance reservation requests in EONs［J］. IEEE Access, 2021, 9:32845-32856.

［22］ LU W, ZHU Z Q. Malleable reservation based bulk-data transfer to recycle spectrum fragments in elastic optical networks［J］. Journal of Lightwave Technology, 2015, 33（10）：2078-2086.

［23］ TODE H, HIROTA Y. Routing, spectrum, and core and/or mode assignment on space-division multiplexing optical networks［J］. Journal of Optical Communications and Networking, 2017, 9（1）：A99-A113.